BERND HAIDEN

100 FLUGZEUGFAKTEN

Das ultimative Buch für Aviatikfans: Spannende Fakten, Luftfahrtwissen, Community-Highlights und die Zukunft der Luftfahrt

---

Alles über Flugzeuge: Geschichte, Technik und Rekorde – Von Boeing, Airbus und Cessna bis Embraer

---

EULOGIA VERLAG

Bibliografische Information der Deutschen Nationalbibliothek.

Die Deutsche Nationalbibliothek verzeichnet diese Publikation in der Deutschen Nationalbibliografie; detaillierte bibliografische Daten sind im Internet über http://dnb.dnb.de abrufbar.

Für Fragen und Anregungen:
info@eulogiaverlag.de

ISBN Softcover 978-3-96967-662-2
ISBN E-Book 978-3-96967-663-9 1

Originale Erstausgabe 2025

Eulogia Verlags GmbH
Gerhofstraße 1–3
20354 Hamburg

Satz und Layout: Tomasz Dębowski
Cover: Aleksandar Petrović, unter Verwendung von Freepik sowie © Elizaveta Melenteva / Shutterstock.com (Vorderseite) und © Walnut Bird /Shutterstock (Rückseite)

Die Flugzeug-Grafik in diesem Buch stammt von © Avector / Shutterstock.com

Inhaltverzeichnis

Einleitung

Fliegen fasziniert, seit Menschen zum ersten Mal überlegten, wie sie den Himmel erobern könnten. Vom wackeligen Doppeldecker der Gebrüder Wright bis zum Hightech-Langstreckenjet, vom Segelflug über die Alpen bis zum Nonstop-Flug über ganze Ozeane: Flugzeuge stehen wie kaum eine andere Technik für Freiheit, Geschwindigkeit und weltweite Vernetzung. Gleichzeitig sind sie hochkomplexe Maschinen, deren Entwicklung und Betrieb von zahllosen Innovationen, Sicherheitsideen und kulturellen Einflüssen geprägt wurden.

Dieses Buch versammelt 100 Fakten über Flugzeuge: kleine Geschichten, technische Erklärungen, Rekorde, Kuriositäten und Einblicke in die Community. Jedes Kapitel beleuchtet eine andere Facette: die historischen Meilensteine, die technischen Grundlagen, die Rekorde der Luftfahrt, aber auch die kulturellen und gesellschaftlichen Seiten des Fliegens. Von den großen Herstellern Airbus und Boeing über Wartung und Safety-Management bis hin zu Spottern, Simulatoren und Vielfliegerprogrammen reicht die Spannweite.

Die Texte sind bewusst kompakt gehalten: genug Tiefe, um Technik und Hintergründe zu verstehen, aber so erzählt, dass auch Nicht-Ingenieuren folgen können. Zahlen und Fakten ergänzen die Geschichten, Anekdoten machen deutlich, wie sehr Luftfahrt im Alltag und in der Erinnerung verankert ist.

Das Ziel ist keine Enzyklopädie, sondern eine Entdeckungsreise: 100 Stationen, die zeigen, warum Flugzeuge mehr sind als Blech und Triebwerke, nämlich Kulturträger, Wirtschaftsmotoren, Symbole für Fortschritt und immer wieder auch Quellen für Staunen. Wer sich darauf einlässt, sieht beim nächsten Blick an den Himmel nicht nur ein Flugzeug, sondern viele Geschichten, Ideen und Menschen, die es möglich gemacht haben.

KAPITEL 1

Die Geschichteder Flugzeuge

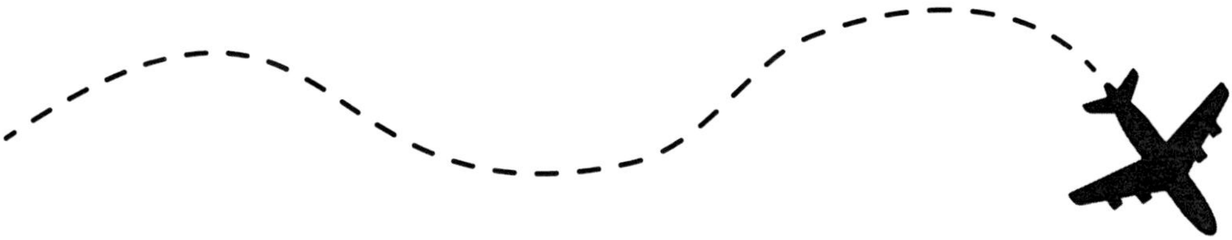

Fakt 1

Der erste Motorflug – Die Wrights heben die Welt aus den Angeln

Der erste kontrollierte, motorisierte Flug mit einem schwerer-als-Luft-Flugzeug war ein Wendepunkt der Mobilität. Ende des 19. Jahrhunderts experimentierten Pioniere mit Gleitern; Otto Lilienthal sammelte Daten über Tragflächen, Octave Chanute vernetzte die Szene, doch es fehlten verlässliche Aerodynamik, Steuerbarkeit und ein leichter Motor. Mit der technischen Reife des Verbrennungsmotors wurde das Unmögliche denkbar – nun brauchte es Systematik.

Den entscheidenden Schritt machten Orville und Wilbur Wright 1903. Sie bauten in Dayton einen kleinen Windkanal, testeten hunderte Flügelprofile und entwickelten die Dreiachssteuerung: Rollen durch Flügelverwindung, Nicken per vorderem Höhenruder (Canard) und Gieren mit Seitenruder – koordiniert, damit das Flugzeug beherrschbar bleibt. Am 17. Dezember 1903 hob der „Flyer“ bei Kitty Hawk/Kill Devil Hills (North Carolina) ab. Orville steuerte den ersten Flug: 12 Sekunden, 36,5 Meter – kurz, aber stabil. Später am selben Tag flog Wilbur 59 Sekunden über 260 Meter. Der Traum vom Motorflug war damit praktisch bewiesen.

In den folgenden Jahren verbreiteten sich Technik und Wissen rasch. Louis Blériot überquerte 1909 den Ärmelkanal, Glenn Curtiss trieb Motor- und Rumpfentwicklung voran, der Erste Weltkrieg beschleunigte Zelle, Antrieb und Propeller. Aus Holz-Stoff-Konstruktionen wurden in wenigen Jahrzehnten robuste Metallflugzeuge mit verlässlicher Steuerung – die Grundlage der Zivilluftfahrt.

ZAHLEN UND FAKTEN: 17.12.1903; erster Flug 12 s/36,5 m; vier Flüge an einem Tag, längster 59 s/≈260 m; Vierzylinder-Benzinmotor ca. 12 PS; Spannweite des Flyers ca. 12,3 m.

ANEKDOTE: Das ikonische Foto des Erstflugs machte John T. Daniels von der örtlichen Rettungsstation – er hatte zuvor noch nie eine Kamera bedient. Noch am Abend schickten die Wrights ein Telegramm nach Hause: Vier erfolgreiche Flüge, Maschine leicht beschädigt durch eine Windböe – der Beweis war erbracht.

Der deutsche Begriff „Flugzeug“ setzt sich passend aus „Flug“ und „Zeug“ im Sinn von „Gerät“ zusammen – ein treffender Name für die neue Maschine, die den Himmel eroberte.

Fakt 2

Turbogang im Krieg – Wie 1914–1918 Zelle, Motor und Propeller Sprünge machten

Der Erste Weltkrieg wirkte wie ein technischer Beschleuniger für die Luftfahrt. Zu Kriegsbeginn waren Flugzeuge meist leichte Holz-Stoff-Doppeldecker für Aufklärung und Artilleriebeobachtung.

Es fehlten Leistung, Bewaffnung und klare Einsatzkonzepte. Mit der militärischen Nachfrage kamen Forschungsgelder, Versuchsstellen und Windkanäle – plötzlich wurden Profile vermessen, Tragflächen optimiert und Motoren konsequent weiterentwickelt.

Entscheidend war die Systemintegration: Vorwärtsfeuernde, synchronisierte Maschinengewehre machten den Piloten zum Richtschützen; robuste, laminierte Holzpropeller übertrugen mehr Drehmoment; Kühlung, Vergaser und Schmierung wurden für große Höhen verbessert. Die Motorleistung stieg in wenigen Jahren von etwa 80–100 PS auf über 200 PS bei späten Reihen- und V-Motoren wie Hispano-Suiza oder BMW IIIa. Gleichzeitig wuchs die Einsatzbreite: von reiner Aufklärung zu Jagd, Begleitschutz, Bombardierung und Erdkampf. Taktik entstand: Formationsflug, Staffelung in Höhen, Staffelwechsel nach Auftrag.

Auch bei der Zelle gab es Sprünge. Verspannte Doppeldecker dominierten, doch Ganzmetall-Versuche wie bei Junkers zeigten den Weg zu freitragenden Tragflächen und belastbaren Rümpfen. Fotografie aus der Luft, Funk und bessere Instrumente machten Einsätze präziser – und die Produktion professionalisierte sich mit standardisierten Bauteilen und Wartungsplänen.

ZAHLEN UND FAKTEN: Synchronisierte Bewaffnung ab 1915; typische Motorleistung von ~100 PS (1914) auf >200 PS (1918); erste Ganzmetall-Versuche (Junkers) ab 1915; die USA gründeten 1915 NACA als Forschungsorganisation.

ANEKDOTE: Piloten beschrieben den Technologiesprung am Klang – vom „Nähmaschinen"-Tuckern früher Rotationsmotoren zum satten Brummen leistungsstarker Reihenmotoren, die plötzlich Steigflüge, Loopings und längere Patrouillen möglich machten.

Viele Konstruktionsprinzipien und Verfahren aus dieser Zeit prägten die Zwischenkriegsjahre – die Zivilluftfahrt übernahm, was sich im Einsatz bewährt hatte.

Fakt 3

Holz, Tuch und Streben – warum Doppeldecker die frühe Zivilluftfahrt prägten

Nach dem Ersten Weltkrieg wanderten viele Flugzeuge und Ideen direkt in den zivilen Einsatz. Rundflüge, Post- und Schulbetrieb entstanden oft auf Grasplätzen – kurz, uneben, ohne Infrastruktur. Dafür eigneten sich leichte Doppeldecker mit Holzstruktur und Stoffbespannung ideal. Ihre große Flügelfläche lieferte viel Auftrieb bei niedriger Geschwindigkeit, die verspannte Bauweise war mit vorhandenen Werkstoffen baubar und reparierbar: Holzleisten, Rippen, Leinwand, Spannlack, Drähte und Streben. Werkstätten konnten beschädigte Teile vor Ort ersetzen, das Gewebe neu bespannen und „dopen“ – schnell, günstig, bewährt.

Bekannte Muster wie die Curtiss „Jenny“ oder später die de Havilland „Moth“ wurden zu Arbeitspferden der jungen Zivilluftfahrt: Schulflug, Luftpost, Fotoflug, Wochenendrundflug. Offene Cockpits, einfache Instrumente und gutmütige Flugeigenschaften passten zur Aufgabe. Technisch war der Doppeldecker nicht „romantisch“, sondern pragmatisch: Er kompensierte schwächere Motoren durch Fläche und lieferte kurze Start- und Landestrecken. Gleichzeitig wuchs das Know-how in Aerodynamik, Motoren und Fertigung – die Voraussetzungen für den nächsten Schritt.

Denn Ausnahmen wiesen schon den Weg nach vorn: Ganzmetall- und Eindecker-Konzepte – allen voran die wellblechbeplankten Junkers-Entwürfe – zeigten, dass freitragende Flügel und geschlossene Kabinen möglich und dauerhaft waren. Doch bis sich Metallmonoplane flächig durchsetzten, dominierten im zivilen Alltag Holz, Stoff und Streben – aus Kosten-, Wartungs- und Einsatzgründen.

ZAHLEN UND FAKTEN: Stoffbespannung (Baumwoll-/Leinengewebe) wird mit Spannlack (Dope) straff und glatt; typische Reisegeschwindigkeiten früher Zivil-Doppeldecker lagen um 100–160 km/h; frühe Grasfelder erforderten kurze Start-/Landestrecken, eine Stärke der Doppeldecker.

ANEKDOTE: In den 1920ern rollten „Barnstormer" oft direkt an Dorfränder, boten Rundflüge an und reparierten Flieger über Nacht im Schuppen – neue Bespannung inklusive. Der erste Flug vieler Menschen fand in einem offenen Doppeldecker statt, Wind im Gesicht, Landstraße als Rollweg.

Die Bespannung machte den Unterschied: Mit wenigen Materialien entstand eine stabile, leichte Tragfläche – und die Zivilluftfahrt bekam ihr robustes Einstiegsformat.

Fakt 4

Der Stratoliner hebt den Druck – erste druckbelüftete Kabine im Liniendienst

Mit dem Boeing 307 „Stratoliner" begann 1940 eine neue Ära des Komforts. Bis dahin flogen Verkehrsflugzeuge in Wetterzonen, wo Turbulenzen, Vereisung und Gewitter die Regel waren. Die 307 brachte eine druckbelüftete Kabine in den Linienverkehr – ein runder, druckfester Rumpf hielt den Innendruck stabil und erlaubte Reiseflughöhen weit über der meisten „Wetterküche". Plötzlich wurden Strecken ruhiger, schneller und planbarer, die Passagiere atmeten leichter und kamen weniger erschöpft an. Der Name war Programm: „Stratoliner“ spielte auf die Stratosphäre an, die man nun berühren konnte.

Technisch nutzte Boeing vieles, was sich bewährt hatte: Tragfläche, Leitwerk und Fahrwerk stammten in weiten Teilen aus der B-17-Familie; angetrieben wurde die 307 von luftgekühlten Sternmotoren. Der Schlüssel lag aber im System dahinter: Druckluftregelung, Abdichtung, Notablassventile – alles auf Dauerbetrieb im zivilen Alltag ausgelegt. Pan American und TWA setzten die 307 auf Langstrecken ein; über Wetterfronten hinweg ließen sich höhere True Airspeeds erzielen, bei zugleich niedrigerer „Kabinenhöhe“ für die Gäste. Damit legte die 307 das Fundament für das, was wir heute selbstverständlich finden: druckfeste Rümpfe, ruhige Reiseflughöhen und kalkulierbare Flugpläne.

ZAHLEN UND FAKTEN: Erstflug 1938; Liniendienst ab 1940 bei TWA und Pan Am; erste Verkehrsmaschine mit druckbelüfteter Kabine im regulären Einsatz; nur eine kleine Serie („unter einem Dutzend“) gebaut – ein Technologieträger, kein Massenmodell.

ANEKDOTE: Howard Hughes ließ sich einen besonders luxuriösen Stratoliner als Privatflugzeug ausstatten – mit Schlafkojen und Lounge. Die Öffentlichkeit konnte derweil auf Linienflügen erstmals „über dem Wetter“ reisen und erlebte damit den Komfort, den moderne Jets später perfektionierten.

„Druckkabine“ wurde fortan zum Standardbegriff – und zum unsichtbaren Komfortmerkmal jeder großen Linienmaschine.

Fakt 5

Warum Pfeilflügel den Transonic-Knoten lösen

Als Propeller- und frühe Jetflugzeuge schneller wurden, stießen gerade Tragflächen um Mach 0,7–0,8 an eine harte Grenze: Auf Teilen des Profils beschleunigte die Strömung lokal auf Überschall, es bildeten sich Stoßwellen, der Widerstand sprang schlagartig an (Drag Rise), Steuerkräfte änderten sich – das „Buffeting" begann. Diese Schwelle heißt kritische Machzahl. Wer wirtschaftlich höher und schneller reisen wollte, brauchte eine aerodynamische Antwort.

Die Pfeilung liefert genau das. Wird die Tragfläche um die Rumpfachse nach hinten geschwenkt, „sieht" der Flügel nur die Geschwindigkeitskomponente senkrecht zur Vorderkante – die effektive Machzahl am Profil sinkt. Ergebnis: Die kritische Machzahl verschiebt sich nach oben, der Widerstandseinbruch kommt später, Reiseflugen um Mach 0,78–0,85 werden praktikabel. Der Preis: geringere Auftriebsanstiegskurve, tendenziell Randbürde/Tip-Stall, komplexere Struktur; daher kombiniert man Pfeilflügel mit Hochauftriebshilfen (Slats/Flaps), Torsionssteifigkeit und oft Winglets.

Historisch legte Adolf Busemann 1935 die Theorie der Pfeilung vor; späte Kriegs- und Nachkriegsversuche bestätigten den Effekt. Die breite Einführung kam Ende der 1940er: F-86 Sabre und MiG-15 setzten Maßstäbe bei Jets, im Zivilbereich etablierten Boeing 707 und DC-8 mit rund 35° Pfeilung den Standard für schnelle Reiseflüge über dem Wetter. Moderne Airliner nutzen je nach Missionsprofil etwa 25–35°.

ZAHLEN UND FAKTEN: Pfeilung reduziert die wirksame Machkomponente um den Faktor cos(Λ); typische Drag-Divergenz-Machzahl verschiebt sich grob von ~0,72 (gerader Flügel, abhängig vom Profil) Richtung ⩾0,80 bei 25–35° Pfeilung. Ziviljets kreuzen heute meist bei Mach 0,78–0,85.

ANEKDOTE: Nach dem Krieg sichteten US-Teams erbeutete Unterlagen zur Pfeilung; die Erkenntnisse flossen direkt in Boeings B-47 und später den 367-80 („Dash 80") ein – den Prototypen der 707. Das elegante, gepfeilte Layout wurde damit zur Blaupause für Generationen von Airlinern.

Darum ist der Pfeilflügel bis heute die Default-Lösung für effizienten Reiseflug im Transonic-Bereich.

Fakt 6

Der Comet zündet den Linienjet – der Start der Jet-Ära

Mit der de Havilland Comet begann der Linienverkehr zu rauschen statt zu brummen. Während Propellerliner in wetteraktiver Luftschicht reisten und lange Reisezeiten hatten, brachte der Comet ab 1952 den Jet in den Dienst: höher, schneller, leiser im Kabinenerlebnis. Die elegante Maschine mit sauberer, niedrig widerständiger Zelle, moderater Pfeilung und vier in die Flügelwurzel integrierten Triebwerken stand für einen Technologiesprung – von der Reisegeschwindigkeit bis zur Kabinenruhe. Für Passagiere bedeutete das erstmals das Gefühl des „Über-dem-Wetter"-Fliegens im Linienalltag.

Doch der Pionierstatus brachte Lernkurven. Nach den ersten Erfolgen kam 1954 die ernüchternde Zäsur: mehrere Strukturbrüche durch Metallermüdung – verstärkt durch die zyklische

Druckbelastung und Spannungsspitzen an eckigen Fensteröffnungen – führten zur weltweiten Stilllegung. Die anschließenden, gründlichen Untersuchungen setzten Maßstäbe: druckfeste Rümpfe wurden neu gedacht, Rundfenster und Fail-Safe-Strukturen wurden Standard, Dauerschwing- und Druckwechseltests in Druckkabinen verpflichtend. De Havilland kehrte mit der überarbeiteten Comet 4 und stärkeren Rolls-Royce-Avon-Triebwerken zurück – und eröffnete 1958 den transatlantischen Jet-Liniendienst. Gleichzeitig ebnete der Comet den Weg für 707, DC-8 und Caravelle, die die neue Betriebsphilosophie in die Breite trugen.

ZAHLEN UND FAKTEN: Erstflug Comet 1 am 27.07.1949; Liniendienststart bei BOAC am 02.05.1952 (u. a. London–Johannesburg); Grounding 1954 nach Strukturversagen; Comet 4 ab 1958 im Dienst – erstes transatlantisches Jet-Linienangebot.

ANEKDOTE: Zeitgenössische Berichte schwärmten von der Ruhe – Passagiere hörten beim Start „nur ein leises Zischen“. Die großzügigen „Bildfenster“ galten als Luxusmerkmal, wurden jedoch sinnbildlich: Ihre eckige Form zeigte der Welt, warum runde Fenster in Druckkabinen die bessere Idee sind.

Der Comet war damit Pionier und Lehrmeister zugleich – und machte den Jetliner zur neuen Norm des Linienflugs.

Fakt 7

Die 707 macht die Welt klein – wie Boeing den Jetverkehr globalisierte

Die de Havilland Comet öffnete die Tür, aber die Boeing 707 machte den Jetliner zum Standard. Ende der 1950er suchten Airlines nach einem robusten, wirtschaftlichen Langstreckenjet, der hohe

Reiseflughöhen, verlässliche Reichweite und viele Sitzplätze verband. Die 707 traf genau diesen Sweet Spot: gepfeilte Tragflächen, schlanker Rumpf, vier untergehängte Triebwerke, Kabinendruck als Selbstverständlichkeit – und genug Leistung, um Wetter und Ozeane in planbaren Etappen zu überfliegen. Damit verschob sich der Linienverkehr vom Propellerbrummen zum Jet-Rhythmus: höher, schneller, leiser im Empfinden, mit dichten Flugplänen zwischen den Kontinenten.

Der Weg dahin begann mit Boeings Prototyp 367-80 („Dash 80"), der Layout und Aerodynamik vorwegnahm und parallel die militärische KC-135-Familie begründete. 1958 nahm Pan American die 707 in den Liniendienst – der Startschuss für ein globales Routennetz, das Städtepaare über Nacht verband und Flughäfen zwang, sich anzupassen: längere Pisten, Jetways, neue Wartung. Die 707 setzte auch den Takt für Wettbewerber wie Douglas' DC-8 und etablierte Reiseflughöhen um Mach 0,8 als neue Normalität. Aus dem Ausnahmeerlebnis „Jet" wurde Alltag – und „Jetset" ein Wort.

ZAHLEN UND FAKTEN: Erstflug der 707-120 am 20.12.1957; Liniendienststart bei Pan Am 1958 (Transatlantik). Insgesamt wurden rund 860 Boeing 707 gebaut; zusätzlich entstanden etwa 150 Boeing 720 als leichter Mittelstreckenableger. Typische Reiseflugarbeit um Mach 0,80–0,84 mit Pfeilung um ~35°.

ANEKDOTE: Beim Seafair-Event 1955 rollte Testpilot Tex Johnston den „Dash 80" zweimal über Lake Washington – ein lupenreiner Barrel Roll. Die waghalsige Demo war keine Kunstflieger-Laune, sondern die selbstbewusste Botschaft: Dieses Jet-Layout ist stabil, beherrschbar und bereit für die Linie.

So prägte die 707 Flugpläne, Flughäfen und Erwartungen – und machte interkontinentales Fliegen zum neuen Normal.

Fakt 8

Der A320 bringt den Digitalpiloten – Fly-by-Wire in die Großserie

Als Airbus die A320-Familie vorstellte, änderte sich das Cockpit grundlegend. Statt Seilzügen, Stangen und rein hydraulischer Übersetzung steuern beim A320 Computer die Ruderflächen: volldigitales Fly-by-Wire mit mehreren, voneinander unabhängigen Rechnerkanälen. Der Sidestick ersetzt das klassische Steuerrad; die Eingaben der Pilotinnen und Piloten werden in Steuergesetze übersetzt (Normal/Alternate/Direct Law). In der „Normal Law" begrenzen Hüllkurven-Schutzfunktionen automatisch Anstellwinkel, Lastvielfach und Querneigung – Überziehen und Überlasten werden damit aktiv erschwert. Ergänzt wird das System durch ECAM, das zentrale Anzeigesystem für Meldungen, Checklisten und Systemstatus, und durch ein volles „Glass Cockpit" mit Bildschirmen statt Rundinstrumenten.

Die Idee dahinter war nicht „Computer fliegen besser", sondern „Computer verhindern grobe Fehler und entlasten in Routine". Bei Start, Steigflug und Anflug bleibt das Handling linear und vertraut; bei Extremsituationen greift die Logik stützend ein. Redundanz ist dabei das Schlüsselwort: Mehrere Flugsteuer-Computer (u. a. ELAC/SEC, dazu FAC für Yaw-/Schutzfunktionen) überwachen einander, Leitungen sind mehrfach vorhanden, Ausfälle führen nicht zum Verlust der Steuerbarkeit. Die A320-Familie wurde so zur Blaupause moderner Airliner-Philosophie – spätere Airbus-Muster und auch Wettbewerber übernahmen digitale Steuerungen, wenn auch mit unterschiedlicher Auslegung.

ZAHLEN UND FAKTEN: Erstflug A320 am 22.02.1987; Liniendienststart 1988 bei Air France. Erster Großserien-Airliner mit volldigitalem Fly-by-Wire, Sidesticks, ECAM und vollständigem Glas-Cockpit im Standard.

ANEKDOTE: Testcrews demonstrierten früh die Alpha-Protection – auch bei voll durchgezogenem Sidestick ging der A320 nicht in den Strömungsabriss, sondern hielt den zulässigen Anstellwinkel. Das machte Eindruck: Schutzfunktionen wurden vom „Gimmick" zum Verkaufsargument.

Damit verlegte der A320 die Leitplanken des Fliegens in die Software – und setzte den Standard für das Cockpit von heute.

Fakt 9

Überschall im Liniendienst – Triumph der Technik, Tücken der Ökonomie

Die Concorde bewies ab Mitte der 1970er Jahre, dass ziviles Überschallfliegen machbar ist – und legte zugleich offen, wie schmal der wirtschaftliche Grat ist. Das aerodynamische Konzept – schlanker Ogival-Deltaflügel, scharfkantige Nase, hochfester Leichtbau – erlaubte Reisegeschwindigkeiten um Mach 2 in rund 18 km Höhe. Vier Olympus-593-Triebwerke mit Nachbrennern halfen durchs Transonic-Fenster und beim Start. Die Zelle war auf starke Erwärmung ausgelegt; im Reiseflug dehnte sich der Rumpf messbar. Für Start und Landung klappte die „Droop Nose" nach unten, damit die Crew über die lange Spitze sehen konnte. Für Passagiere bedeutete das: New York–Paris in gut dreieinhalb Stunden, ruhig über dem Wetter – Technik als Erlebnis.

Ökonomisch blieb der Einsatz jedoch heikel. Der Überschallknall verbot Überlandflüge in vielen Staaten; damit blieben vor allem transatlantische Routen. Der Kerosinverbrauch pro Sitz war hoch, die Kabine klein (rund 100 Sitze), die Wartung komplex und die Flotte winzig – Skaleneffekte fehlten. Nach dem Unfall von 2000 wurde die Flotte vorübergehend stillgelegt, später mit Modifikationen wieder aufgenommen, doch die Nachfrage im Premiumsegment brach nach 2001 ein; 2003 endete der Liniendienst.

ZAHLEN UND FAKTEN: Erstflug 1969; Liniendienststart 1976 bei Air France und British Airways; Reiseflug Mach ~2, Höhe ~60 000 ft; typische Blockzeit JFK–CDG/LHR ca. 3–3,5 h; Sitzplätze je nach Layout ~92–128, meist ~100.

ANEKDOTE: Im Reiseflug wärmten sich Rumpf und Fenster so stark auf, dass manche Gäste die Kabinenwand als „handwarm" beschrieben – ein fühlbarer Beleg dafür, dass die Concorde buchstäblich durch die Luft „schnitt".

Die Concorde war damit Ikone und Lehrmeister: technisch wegweisend, finanziell nur unter Sonderbedingungen tragfähig.

Fakt 10

Vom Leuchtfeuer zur Direktroute – wie GNSS/RNAV den Himmel begradigt

Vor der Satellitennavigation verliefen Strecken wie an einer Perlenkette: von Funkfeuer zu Funkfeuer (NDB/VOR). Das bedeutete Umwege, „Doglegs" und Verfahren, die an Bodenstationen gebunden waren. Mit GNSS (Global Navigation Satellite Systems) und RNAV (Area Navigation) wanderte die Navigation ins Flugzeug: Das FMS berechnet die eigene Position kontinuierlich und folgt virtuellen Wegpunkten – unabhängig von Bodenanlagen. Ergebnis: direktere, oft kürzere Routen, gebogene Segmente (RF-Legs) für Lärmschutz, und stabilere An- und Abflugprofile.

Der Rahmen dafür heißt Performance Based Navigation (PBN): Genauigkeitsklassen wie RNAV 5 im Streckenflug, RNAV 1 im Terminalbereich und RNP-Verfahren im Anflug drücken aus, welchen Fehlerradius das System zuverlässig einhalten muss. Integritätsüberwachung (z. B. RAIM) stellt sicher, dass das System vertrauenswürdig ist; Satelliten-Augmentierung (SBAS wie WAAS/EGNOS) erhöht Genauigkeit und erlaubt LPV-Anflüge mit ILS-ähnlichen Minima an Plätzen ohne ILS. Auch vertikale Pfade (LNAV/VNAV, baro-VNAV) werden im FMS generiert – Anflüge werden gleichmäßiger, Treibstoff und Lärm sinken.

Auf Ozean- und Polarstrecken ermöglichen RNP-Standards engere Staffelungen und effizientere Tracks als klassische Funk-/Trägheitsverfahren. Gleichzeitig bleiben VOR/DME als Rückfallebene erhalten – Redundanz ist Teil des Systems.

ZAHLEN UND FAKTEN: Typisch RNAV 1 (Terminal) = ±1 NM Genauigkeit; RNAV 5 (Enroute) = ±5 NM. LPV-Anflüge mit SBAS erreichen an vielen Plätzen Entscheidungshöhen im Bereich von CAT-I-Minima, ohne lokale ILS-Bodenanlage. Direktrouten sparen je nach Luftraum und Wetter oft einige Prozent Flugzeit und Treibstoff.

ANEKDOTE: Viele Crews kennen den Funkruf „cleared direct …“ als kleinen Glücksmoment – ein einziger Direktfreigabe-Wegpunkt ersetzt drei, vier VOR-Ecken. Auf der Karte schrumpft die Zickzack-Linie zur sauberen Bogen- oder Geradenavigation, und die ETA rückt sichtbar nach vorn.

Vom drehenden Leuchtfeuer zum virtuellen Wegpunkt: GNSS/RNAV hat die Karte begradigt – präziser, leiser und effizienter.

KAPITEL 2

Technische Fakten und Innovationen

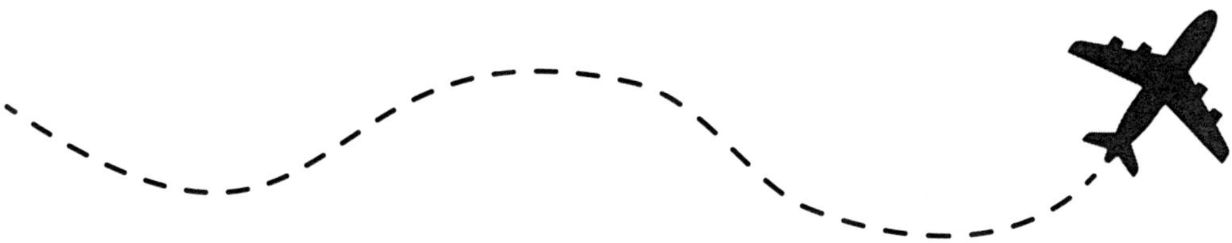

Fakt 11

Warum Flügel tragen – Druckverteilung plus Anstellwinkel

Auftrieb ist kein Entweder-oder, sondern ein Sowohl-als-auch. Ein Tragflügel erzeugt um sein Profil eine zirkulierende Strömung: Über der Oberseite sinkt der statische Druck, unter der Unterseite steigt er. Dieser Druckunterschied liefert die resultierende Kraft nach oben. Entscheidend dafür sind Form (Profil/Krümmung) und der Anstellwinkel – also der Winkel zwischen Anströmung und Profilsehne. Mehr Krümmung und ein größerer, aber noch moderater Anstellwinkel verstärken die Zirkulation und damit den Auftrieb. Gleichzeitig bestimmt die Anströmgeschwindigkeit, wie groß der dynamische Druck ist: Je schneller, desto mehr „Energie“ steckt in der Strömung, die der Flügel in Auftrieb umsetzen kann.

Wird der Anstellwinkel jedoch zu groß, reißt die Grenzschicht ab: Der geordnete Verlauf löst sich, Wirbel entstehen, der Auftriebsbeiwert fällt – Strömungsabriss (Stall). Deshalb nutzen Flugzeuge Vorflügel und Klappen: Sie erhöhen effektiv Krümmung und Flügelfläche, verschieben den maximal nutzbaren Anstellwinkel nach oben und senken so Start- und Landegeschwindigkeiten. Umgekehrt zerstören Spoiler gezielt Auftrieb, etwa zur Landung.

Wichtig: Auch „auf dem Kopf" kann ein Flügel tragen – der Anstellwinkel zählt. Ein symmetrisches Kunstflugprofil erzeugt bei passendem Winkel denselben Effekt. Damit ist klar: Bernoulli (Druckverteilung) und Newton (Impulsablenkung der Luft nach unten) beschreiben zwei Seiten desselben Vorgangs.

ZAHLEN UND FAKTEN: Auftrieb $L = ½ \cdot \rho \cdot V^2 \cdot S \cdot CL$. Typische Abriss-Anstellwinkel vieler Tragflügel liegen grob bei 12–18°. Hochauftriebshilfen erhöhen CLmax deutlich, daher geringere Vref bei Landung.

ANEKDOTE: Der „Handflügel"-Trick zeigt das Prinzip intuitiv: Hältst du (im Windstrom, z. B. vor einem Ventilator) die Hand leicht angekantet, spürst du sofort eine Kraft nach oben – änderst du den Winkel zu stark, „stallt" die Hand.

Fakt 12

Hochauftrieb im Alltag – warum Slats und Flaps Starts und Landungen möglich machen

Vorflügel (Slats) und Landeklappen (Flaps) sind die „Zauberhebel" am Flügelrand. Werden sie ausgefahren, ändern sie die Aerodynamik des Tragflügels gleich doppelt: Die Wölbung (Camber) nimmt zu – der Flügel „greift" die Luft stärker – und je nach Bauart wächst sogar die wirksame Flügelfläche. Das Ergebnis ist ein höherer maximaler Auftriebsbeiwert (CLmax). Damit kann ein Flugzeug bei geringerer Geschwindigkeit genügend Auftrieb erzeugen: Die Startstrecke verkürzt sich, die Anfluggeschwindigkeit sinkt, der Anflug wird steiler und kontrollierter.

Slats sitzen an der Vorderkante. Beim Ausfahren entsteht ein Spalt (Slot), durch den energiereichere Luft von unten nach oben strömt und die Grenzschicht auf der Oberseite „auffrischt“. So bleibt die Strömung auch bei hohen Anstellwinkeln länger angelegt – der Stall wird hinausgeschoben, die Querruder bleiben wirksamer. Hinten übernehmen die Klappen: einfache (plain), Spaltklappen (slotted), Spalt-/Fowler-Kombis, die zusätzlich nach hinten ausfahren und so Fläche und Camber erhöhen. Der Preis für den Extra-Auftrieb ist mehr Widerstand und ein kopflastiger Nickmoment; deshalb wird getrimmt, und es gelten Klappen-Grenzgeschwindigkeiten (VFE).

Zahlen und Fakten: Slats/Flaps können CLmax um Größenordnungen von +0,5 (einfache Klappe) bis über +1,5...2,0 (mehrfach geschlitzte Fowler) erhöhen; die Stallgeschwindigkeit sinkt ungefähr mit der Wurzel aus (CLmax-neu/CLmax-alt). Typische Verkehrsflugzeuge fliegen die Landung mit VAPP ≈ 1,3×VSTALL (Landekonfiguration).

Anekdote: Die automatischen Handley-Page-Vorflügel machten extreme Langsamflüge legendär – der Fieseler „Storch“ schwebte dank Slats und großen Klappen praktisch im Schritttempo heran. Wer im Airliner im Anflug das leise Rumpeln und das „Heben“ spürt, erlebt genau diesen Hochauftriebsmoment: Slats/Flaps draußen, Tempo runter, Kontrolle rauf.

Fakt 13

Luft „kaputtmachen“ mit System – Spoiler, Speedbrakes und Lift-Dumper

Spoiler sind klappbare Paneele auf der Flügeloberseite. Fahren sie aus, stören sie die Strömung: Der lokale Auftrieb bricht ein, der Widerstand steigt spürbar. Im Flug nutzt die Crew das als „Speedbrake“: Mit wenig Triebwerksleistung lässt sich die Sinkrate erhöhen, ohne dass das Flugzeug dabei immer schneller wird. So passt der Pilot den Gleitpfad sauber an, etwa um eine Höhenfreigabe abzufliegen, im Anflug Energie abzubauen oder nach einem schnellen Sinkflug die Geschwindigkeit zu zähmen. Weil Spoiler Auftrieb vernichten, spürt man beim Ausfahren oft ein kurzes „Absacken“ – gewollt und einkalkuliert.

Auf der Landebahn werden Spoiler zu Lift-Dumpern. Beim Aufsetzen fahren sie automatisch (oder per Hebel) voll aus, sobald Bedingungen wie „Schub auf Leerlauf“ und „Gewicht auf den Rädern“ erfüllt sind. Sie zerstören den Restauftrieb, übertragen das Gewicht auf die Räder und machen die Radbremsen sofort wirksamer. Ergebnis: kürzere Ausrollstrecken und mehr Richtungsstabilität – besonders wichtig bei Nässe, Seitenwind oder kurzen Bahnen. Viele Flugzeuge nutzen zusätzlich Roll-Spoiler („Spoilerons“) zur Querlage: Statt Ailerons stark auszuschlagen, wird auf der abzusenkenden Flügelseite ein Spoiler angehoben; das reduziert adverse yaw und vermeidet Torsionsprobleme bei hohen Geschwindigkeiten. Segelflieger kennen ein ähnliches Prinzip als Luft- oder Störklappen für steile, präzise Anflüge.

ZAHLEN UND FAKTEN: Flug-Spoiler („Speedbrakes“) werden stufenweise aus dem Cockpit per Hebel/Schalter kommandiert; Boden-Spoiler („Lift-Dumper“) sind meist an Bedingungen wie Schub-Leerlauf und Rad-Spinsignal/Weight-on-Wheels gekoppelt. Viele Muster verbieten Spoiler unterhalb bestimmter Höhen/Konfigurationen im Anflug – Handbuchvorgaben regeln den Einsatz.

ANEKDOTE: Das „Whoosh“ kurz nach dem Aufsetzen – gefolgt vom kräftigen Verzögerungsgefühl – ist der Moment, in dem die Spoiler stehen: Der Flügel trägt kaum noch, die Bremsen arbeiten maximal, und der Airliner bleibt stabil auf der Bahn.

Fakt 14

Kleine Flächen, große Wirkung – wie Winglets Wirbel bändigen

Am Flügelende trifft hoher Unterseitendruck auf niedrigen Oberseitendruck – Luft „kringelt“ sich um die Spitze, es entstehen Randwirbel. Diese Wirbel kosten Energie: induzierter Widerstand. Winglets setzen genau dort an. Die nach oben (und teils nach außen) gekrümmten Endplatten erhöhen die effektive Streckung und lenken die Wirbelbildung räumlich um. Ein Teil der sonst verlorenen Wirbelenergie wird in eine seitlich/leicht nach vorn gerichtete Kraft umgelenkt – netto sinkt der induzierte Widerstand. Ergebnis: weniger Spritverbrauch, etwas bessere Reichweite/Steigleistung und oft auch geringere Wirbelstärke in der Nachlaufphase nahe der Spitze.

Formen gibt es viele: klassische Endplatten, „blended“ Winglets mit sanftem Übergang, raked tips (ausgezogene, gepfeilte Flügelenden), Split-Scimitar mit zusätzlicher kleinerer Unterkante. Welche Lösung gewählt wird, hängt von Struktur, Missionsprofil und

Zulassung ab. Wichtig ist: Winglets zaubern Wirbel nicht weg – sie schwächen ihren Verlustbeitrag und machen die Aerodynamik „sauberer". Der Preis sind Zusatzgewicht, Mehrlasten am Flügel und komplexere Baugruppen; deshalb rechnet man Nutzen gegen Masse und Wartung.

ZAHLEN UND FAKTEN: Induzierter Widerstand ~ $CL^2/(\pi \cdot AR \cdot e)$; Winglets erhöhen effektiv AR/e. Typische Treibstoffersparnisse im Linienbetrieb liegen – je nach Muster und Mission – grob im Bereich 2–5 %. Der Nutzen ist bei hoher Last/hoher Auftriebsanforderung (Start, Steigflug, frühe Reiseflugphase) am größten. Raked wingtips erreichen ähnliche Effekte mit weniger Bauteilen, benötigen aber längere Spannweite.

ANEKDOTE: An feuchten Tagen sieht man im Startlauf spiralige Fäden hinter der Flügelspitze – kondensierter Wasserdampf im Randwirbel. Bei Flugzeugen mit Winglets „setzt" diese Spirale sichtbar höher und wirkt schwächer: ein hübsches, natürliches Rauchsignal dafür, dass das Tip-Design arbeitet.

Fakt 15

Warum „Kabinenhöhe" trocken wirkt – Druck, Höhe und Luftfeuchte

Linienjets halten die Kabine nicht auf Meereshöhe, sondern auf einer künstlichen „Druckhöhe" – typischerweise etwa 1.800–2.400 Meter. Außen herrscht in Reiseflughöhe extrem dünne, sehr kalte und praktisch wasserfreie Luft. Die Klimaanlage nimmt diese Luft (bei klassischen Mustern aus dem Triebwerksverdichter, bei neueren teils elektrisch), erwärmt und mischt sie, regelt Sauerstoffpartialdruck und Umluftanteil – aber Wasser kommt kaum hinzu. Gleichzeitig will man die Struktur innen trocken halten: Kondenswasser bedeutet Korrosion, Schimmel und Gewicht. Ergebnis: niedrigere relative Luftfeuchte in der Kabine und das bekannte Gefühl von trockenen Augen, Hals und Haut. Der reduzierte Kabinendruck selbst macht die Luft nicht „trocken“, er senkt aber die Sättigungsgrenze; warme, trockene Zuluft plus gezielte Entfeuchtung halten die Feuchte dauerhaft unten.

Moderne Designs verbessern das Klima etwas: Rümpfe mit hohem Verbundanteil (z. B. 787/A350) erlauben eine geringere Kabinenhöhe und etwas höhere Ziel-Feuchte, weil die Struktur weniger korrosionsanfällig ist. Dennoch bleibt die Kabinenluft deutlich trockener als am Boden – gewollt und sicher. Praktisch hilft: viel Wasser trinken, Kontaktlinsen ggf. gegen Brille tauschen, Lippenbalsam/Nasenspray bereithalten.

ZAHLEN UND FAKTEN: Typische Kabinenhöhe ca. 6.000–8.000 ft (≈1.800–2.400 m); Differenzdrucksysteme arbeiten mit rund 7–9 psi. Klassische Airliner liegen bei oft <20 % relativer Feuchte auf Langstrecke; neuere Muster erlauben etwas mehr Feuchte bei geringerer Kabinenhöhe.

ANEKDOTE: Viele Crews nennen den Kabinenmodus nach Start „trockene Jahreszeit“ – man hört es sogar im Service: Kaffee/Teewasser geht weg wie nichts, und nach ein paar Stunden merkt man, warum Lippenbalsam im Trolley neben den Bechern liegt.

Fakt 16

Warum der Turbofan so sparsam ist – viel Luft, wenig Geschwindigkeitsunterschied

Ein Turbofan ist im Kern ein Strahltriebwerk mit „angeflanschtem“ Großpropeller im Gehäuse: dem Fan. Der Gasgenerator (Verdichter, Brennkammer, Turbinen) liefert Leistung; eine Niederdruckturbine treibt den Fan an. Dieser beschleunigt eine große Luftmasse um das Triebwerk herum – den Bypassstrom. Weil der Fan sehr viel Luft nur wenig schneller macht, entsteht der größte Teil des Schubs genau dort. Physikalisch ist das effizient: Propulsiver Wirkungsgrad steigt, wenn man viel Masse mit kleiner Geschwindigkeitsdifferenz bewegt, statt wenig Masse mit großer. Reine Turbojets beschleunigen fast nur den heißen Kernstrahl sehr stark – das kostet mehr Treibstoff pro Schub im Unterschallflug und ist lauter.

Der „Bypassgrad“ (Verhältnis Bypass- zu Kernluftstrom) ist der Schlüssel. Moderne Airliner-Triebwerke haben hohe Bypassgrade (typisch 8:1 bis 12:1 und mehr) und große Fan-Durchmesser – damit sinken spezifischer Verbrauch und Lärm. Zusatztricks erhöhen die Effizienz weiter: optimierte Fan-Schaufeln, akustische Auskleidungen, Chevrons am Düsenende, und bei Geared-Turbofans (GTF) ein Getriebe zwischen Turbine und Fan, sodass beide im optimalen Drehzahlbereich laufen.

ZAHLEN UND FAKTEN: Hoher Bypass senkt die effektive Strahlaustrittsgeschwindigkeit und damit den Treibstoffverbrauch; typische Cruise-Machzahlen von Airlinern (≈0,78–0,85) profitieren besonders. Bypassgrade: Kampfjets meist <1, klassische Airliner 4–6, moderne Langstrecken-Engines ~10+. GTF-Konzepte bringen je nach Einsatzbereich grob 15–20 % Verbrauchsreduktion gegenüber Vorgängern.

ANEKDOTE: Der sichtbare Unterschied auf dem Vorfeld: Frühe Jetliner hatten schlanke, „pfeifende“ Triebwerke; heutige Airliner tragen große „Ventilatoren“. Das Ohr merkt's beim Start: weniger schrilles Pfeifen, mehr gedämpftes Rauschen – genau die akustische Signatur eines großen, langsameren Luftstroms.

Fakt 17

Kleine Turbine, große Unabhängigkeit – wozu die APU wirklich da ist

Die APU (Auxiliary Power Unit) ist ein kleines Strahltriebwerk im Heck, das das Flugzeug am Boden „lebendig“ macht. Sie liefert elektrische Energie für Avionik, Beleuchtung, Pumpen und Bordsysteme – ohne dass die Haupttriebwerke laufen müssen. Zusätzlich stellt sie Druckluft bereit: Damit laufen die Klimaanlagen („Packs“), und mit derselben Zapfluft lassen sich die Haupttriebwerke starten. Ergebnis: Unabhängigkeit von Bodenstromwagen und Startkarren, zügige Turnarounds und eine angenehm temperierte Kabine beim Boarding – ob im Winter oder in der Sommerhitze.

In der Luft dient die APU primär als Rückfallebene. Fällt ein Generator aus, kann die APU zusätzliche elektrische Leistung bereitstellen; bei bestimmten Mustern ist auch Zapfluft in der Luft zulässig, bei anderen nicht. Für Langstrecken über wasser- oder dünn besiedeltem Gebiet (ETOPS/EDTO) kann vorgeschrieben sein, dass die APU auch in Reiseflughöhe zuverlässig startet und das Bordnetz stützt. Gesteuert wird sie bequem vom Cockpit, geschützt durch Feuerlöschanlage und eigene Sensorik. Moderne „bleedless“-Architekturen wie bei der 787 nutzen die APU ausschließlich als starken Stromlieferanten; die Klimaanlagen werden dort elektrisch angetrieben.

ZAHLEN UND FAKTEN: Typische APU-Leistung in Schmalrumpfflugzeugen liegt größenordnungsmäßig im Bereich von ~90–150 kVA elektrischer Leistung; Zapfluft für Triebwerksstart arbeitet mit Drücken im Bereich von einigen Dutzend psi. APU sitzt meist im Heckkegel; an vielen Flughäfen gelten Lärmschutzzeiten – alternativ speisen GPU (Ground Power Unit) und PCA (Pre-Conditioned Air).

ANEKDOTE: Das leise Aufheulen kurz nach dem Andocken? Meist die APU, die die Packs anlaufen lässt. Spürbar wird's beim Pushback: Für den Triebwerksstart wird die Zapfluft umgeschaltet – für ein, zwei Minuten weht weniger kühle Luft aus den Düsen, dann brummt das Bordklima wieder normal.

Fakt 18

Digitale Leitplanken – wie Fly-by-Wire vor Randbereichen schützt

Bei Fly-by-Wire (FBW) gehen Steuerbefehle zuerst in Rechner, die sie in „Steuergesetze" übersetzen. Diese Gesetze kennen die zulässige Hüllkurve des Flugzeugs und greifen ein, bevor kritische Werte überschritten werden. Typische Schutzfunktionen: Anstellwinkel-Schutz (Alpha-Protection), Lastvielfach-Begrenzung (G-Limit), Querneigungs-/Pitch-Begrenzung sowie Über- und Unterschall-/Vmo-Mmo-Schutz. Zieht jemand den Stick im Langsamflug voll zurück, kommandiert das System nicht „immer mehr Nase hoch", sondern „maximal zulässiger Anstellwinkel" – das Flugzeug bleibt steuerbar, die Querruder bleiben wirksamer, und der klassische Stall wird erschwert. Umgekehrt verhindert Overspeed-Schutz, dass die Maschine jenseits der Strukturgrenzen beschleunigt; die

Automatik trimmt und nimmt Schub/Gier weg, um in den grünen Bereich zurückzukehren.

Wichtig: Schutz ist kein Autopilot. Die Pilotin/der Pilot steuert weiterhin aktiv; die Rechner moderieren nur die Extremwerte. Fällt Sensorik oder ein Rechnerkanal aus, wechseln moderne Muster in „abgespeckte“ Gesetze (Alternate/Direct), bei denen weniger Schutz aktiv ist – das Handling bleibt aber beherrschbar. Philosophien unterscheiden sich: Bei manchen Mustern sind Limits „hart“ (nicht übersteuerbar), bei anderen „weich“ (der Mensch kann sie im Notfall durchdrücken).

ZAHLEN UND FAKTEN: Typische Lastvielfach-Limits im „Clean“-Flug etwa −1 g bis +2,5 g (mit Klappen geringer); Bank-Schutz hält die Dauerquerlage bei ~33° und erlaubt kurzzeitig mehr; Pitch-Begrenzungen liegen grob bei +30°/−15°; Alpha-Schutz führt zu Alpha-Max statt Stall. Werte variieren je nach Muster und Gesetz.

ANEKDOTE: Testcrews demonstrierten früh den Nutzen: Voll zurückgezogener Sidestick im A320-Langsamflug – die Maschine hält den zulässigen Anstellwinkel, bleibt rollbar und setzt stabil auf Schubänderungen um. Der „Schockfaktor“ für Beobachter wurde zum Verkaufsargument: Fehler vermeiden ist oft wichtiger als Rekorde brechen.

Fakt 19

Schwarzfaser statt Blech – warum CFK den Airliner neu baut

Verbundwerkstoffe, vor allem kohlenstofffaserverstärkter Kunststoff (CFK), verändern Bauweise und Betrieb moderner Verkehrsflugzeuge grundlegend. Fasern tragen Last, Harz hält die Form – in

Lagen („Layern") gelegt, lässt sich Festigkeit gezielt in Belastungsrichtung „programmieren". Gegenüber klassischen Metallstrukturen spart CFK strukturell Gewicht, ist korrosionsfest und ermüdet anders: Es gibt keine Lochkorrosion und keine Rissausbreitung wie in Aluminiumblechen; Druckwechsel der Kabine steckt die Schale effizient weg. Weniger Teile und große Integralteile (z. B. Rumpfsektionen oder Flügelhäute) reduzieren Nieten und Fügungen – gut für Aerodynamik und Wartung.

Der Preis: Design, Fertigung und Instandsetzung sind anspruchsvoller. CFK ist anisotrop – die richtige Faserorientierung entscheidet. Blitzschutz braucht leitfähige Schichten (z. B. Kupfergewebe) in der Außenhaut, und Aufprallschäden können „versteckt" sein (BVID), weshalb Ultraschallprüfungen üblich sind. Reparaturen erfolgen als „Scarf-Repair" mit neuen Lagen, anschließendem Aushärten. Für Kabinenkomfort wirkt CFK indirekt: Die robustere, korrosionsunempfindliche Struktur erlaubt geringere Kabinenhöhen und etwas höhere Ziel-Luftfeuchte als bei klassischen Metallrümpfen – spürbar angenehmer auf Langstrecke.

ZAHLEN UND FAKTEN: Boeing 787 und Airbus A350 nutzen Verbundwerkstoffe für große Strukturanteile (jeweils über 50 % am Strukturgewicht). 787-Rumpfsektionen werden als „Barrels" im Autoklaven ausgehärtet, der A350 nutzt große Paneele auf Spanten/Stringern. Je nach Bauteil lassen sich zweistellige Gewichtsersparnisse erzielen; auf Flottenniveau resultieren deutliche Verbrauchsreduktionen gegenüber Vorgängergenerationen.

ANEKDOTE: Wartungscrews setzen neben Hightech-Prüfungen oft noch den „Klopftest" ein: Mit einer kleinen Münze abgeklopft, klingt intaktes Laminat hell und gleichmäßig – delaminierte Stellen klingen dumpf. Ein simples Ohr hilft, Hightech schnell zu verorten.

Kurz: CFK bringt weniger Masse, weniger Korrosion, mehr Effizienz – und stellt Konstruktion und Wartung auf ein neues, compositespezifisches Fundament.

Fakt 20

Viel Bypass, kluge Schaufeln – warum GTF & neue Geometrien leiser und sparsamer sind

Moderne Turbofans gewinnen Effizienz nicht nur im heißen Kern, sondern vor allem am großen Ventilator vorn. Zwei Wege führen zum Ziel. Beim Getriebefan (GTF) sitzt zwischen Niederdruckturbine und Fan ein Planetengetriebe. Es entkoppelt die Drehzahlen: Der Fan dreht langsamer (geringere Spitzengeschwindigkeit an der Schaufel → weniger Lärm), die Turbine schneller (wo sie aerodynamisch effizient arbeitet). So lässt sich ein größerer Fan mit höherem Nebenstromverhältnis einsetzen – viel Luft wird nur wenig beschleunigt, der propulsive Wirkungsgrad steigt, der Verbrauch sinkt. Zugleich kann die Turbinenstufenzahl reduziert oder aerodynamisch „schlanker" ausgelegt werden, weil die Drehzahl passt.

Der zweite Weg: direkte Antriebe mit hochentwickelter Schaufel- und Düsengeometrie. 3D-aerodynamisch geformte, breite Fanblätter aus Verbundwerkstoff oder hohlem Titan senken Masse und Stress, akustische Auskleidungen in der Verkleidung dämpfen Rauschen, gezahnte Düsenkanten („Chevrons") mischen Kern- und Bypassstrahl sanfter. In der Heißsektion halten Keramik-Matrix-Verbundstoffe (CMC) hohe Temperaturen mit weniger Kühlluft aus – das spart erneut Treibstoff. Lean-Burn-Brennkammern drücken Emissionen und verbessern das Temperaturprofil für nachfolgende Stufen. Ergebnis beider Ansätze: weniger Lärmteppich am

Boden, spürbar geringerer spezifischer Verbrauch – ohne die Robustheit im Airline-Alltag zu opfern.

ZAHLEN UND FAKTEN: Gegenüber Vorgängergenerationen bringen aktuelle GTF- und „Advanced"-Triebwerke typischerweise rund 15–20 % Treibstoffersparnis im Linienbetrieb und reduzieren die Lärmkonturen um mehrere Dezibel. Hohe Bypassverhältnisse moderner Airliner-Triebwerke liegen vielfach im zweistelligen Bereich; Composite-Fanblätter senken Bauteilmassen um zig Prozent gegenüber Metall.

ANEKDOTE: Beim Erstflug mancher GTF-Airliner standen Spotter irritiert am Zaun: „Klingt das leiser?" – Ja. Der große, langsamer drehende Fan rauscht, statt zu pfeifen. Und genau dieser „Soundwechsel" ist hörbarer Beleg für mehr Bypass und bessere Nachbarschaftsverträglichkeit.

KAPITEL 3

Rekorde und Superlative

Fakt 21

Nonstop um die Welt – die Rutan „Voyager“ schreibt Geschichte

Die Rutan „Voyager“ zeigte 1986, was mit radikal leichtem Bau und eiserner Planung möglich ist: die erste Erdumrundung ohne Zwischenlandung und ohne Auftanken. Gebaut aus Verbundwerkstoffen, mit extrem langer Spannweite und zwei kleinen Kolbenmotoren (ein vorderer und ein hinterer), war das Flugzeug um den Treibstoff herum gedacht – Reichweite vor allem. Das Missionsprofil war konsequent: Start mit sehr hohem Kraftstoffanteil, Steigflug mit beiden Motoren, dann wurde der hintere Motor abgestellt und stundenlang mit minimaler Leistung gecruist, um jeden Tropfen zu sparen. Die Route führte westwärts in niedrigen Breiten um den Globus, wo die Winde günstiger sein konnten.

Geflogen wurde die Voyager von Dick Rutan und Jeana Yeager in Schichten, mit Mikro-Schlafphasen und permanentem Energiemanagement. Wetter, Wirbelschleppen und das Handling einer sehr flexiblen, lastempfindlichen Zelle machten jeden Abschnitt anspruchsvoll. Schon der Start am Edwards AFB zeigte, wie knapp die

Reserven waren: Die vollgetankte, lange Tragfläche berührte am Pistenrand Gegenstände und nahm leichte Schäden – Abbrechen war keine Option, also weiter. Neun Tage lang zählte jedes Kilogramm und jedes Prozent Leistung. Die Landung gelang mit minimalen Restmengen im Tank – ein Rekordflug auf der Rasierklinge.

ZAHLEN UND FAKTEN: 14.–23.12.1986; nonstop, unbetankt um die Welt; Dauer 9 Tage 3 Minuten 44 Sekunden; Distanz ≈ 42.432 km; Crew: Dick Rutan und Jeana Yeager; Konstruktion: Burt Rutan; Start/Ziel: Edwards Air Force Base.

ANEKDOTE: Für den wirtschaftlichsten Reiseflug wurde der hintere Motor nach dem Steigflug abgestellt – die Voyager „schwebte" dann tagelang auf dem anderen. Am Ende blieben nur sehr geringe Kraftstoffreserven: genug für die Landung, nicht für Umwege.

Die Voyager bewies, dass Reichweite eine Systemfrage ist – aus Aerodynamik, Gewicht, Motorstrategie und Disziplin.

Fakt 22

Gigant der Lüfte – warum die An-225 alle Nutzlastmaßstäbe sprengte

Die Antonov An-225 „Mrija" war das Maß aller Dinge, wenn es um Masse ging. Ursprünglich für das sowjetische Raumfahrtprogramm entwickelt, sollte sie die Buran-Raumfähre und große Raketenstufen wahlweise innen im Frachtraum oder außen auf dem Rumpfrücken transportieren. Die Konstruktion skaliert bewährte An-124-Technik nach oben: sechs Triebwerke, ein riesiger, druckfester Frachtraum mit Bugklappe zum „Nasenlader", Doppel-Seitenleitwerk für genügend Freistrahl über Außenlasten und ein 32-radiges Fahrwerk, das auch schwere Pisten schont. Ergebnis war ein weltweit einzigartiges Arbeitsgerät für XXL-Fracht – von Generatoren bis Windkraftteilen.

Die „Mrija" hielt gleich mehrere Rekorde: Sie verfügte über das höchste maximale Startgewicht (MTOW) eines jemals geflogenen Flugzeugs und setzte Maßstäbe bei der transportierten Nutzlast. Auch die schiere Geometrie spielte in einer eigenen Liga: Spannweite und Rumpfvolumen übertrafen alle Verkehrsflugzeuge, die Laderampe und die Winden-/Schienensysteme waren auf extreme Abmessungen ausgelegt. Von Beginn an blieb sie ein Einzelstück – ein zweiter Rumpf wurde begonnen, aber nie fertiggestellt. Gerade ihre Einzigartigkeit machte sie zur gefragten Spezialistin für Missionen, die sonst niemand übernehmen konnte.

ZAHLEN UND FAKTEN: Erstflug 1988; MTOW 640 t; maximal mögliche Nutzlast 250 t; offizieller Rekord für die schwerste geflogene Gesamtfracht ≈ 253,8 t; Spannweite 88,4 m, Länge 84 m; sechs D-18T-Triebwerke; Frachtraum ca. 43 m lang, ~6,4 m breit, ~4,4 m hoch.

ANEKDOTE: 1989 trug die An-225 den Raumgleiter Buran huckepack zur Pariser Luftfahrtschau – ein spektakulärer Auftritt, der ihren ursprünglichen Zweck sichtbar machte. Später wurde sie zum „Problemlöser" für Übermaßfracht: Wenn etwas zu lang, zu schwer oder zu sperrig für andere war, kam die „Mrija".

Fakt 23

Schneller als jede Luftatmende – die SR-71 und ihr Speed-Rekord

Die Lockheed SR-71 „Blackbird" war als strategischer Aufklärer gebaut – und wurde zum Symbol für extreme Geschwindigkeit in großer Höhe. Ihr Auftrag: weit hinein über feindliches Gebiet, schnell genug, um Abfangjägern und Bodenraketen davonzulaufen. Möglich machte das ein konsequent auf Hochgeschwindigkeit optimiertes Gesamtsystem: schlanke, heizfeste Zelle, Delta-ähnliche Tragflächen mit ausgeprägten „Chines“ (Rumpfverbreiterungen), die bei Mach-Flug zusätzlich Auftrieb lieferten, und vor allem die Einlauf-/Triebwerkskombination, die im Reiseflug zunehmend ramjet-artig arbeitete.

Herzstück waren zwei Pratt & Whitney J58. Variable Einläufe mit verschiebbaren Spikes positionierten Stoßwellen exakt an der Lippenkante, bremsten die Überschallströmung effizient auf Unterschall vor dem Verdichter und führten einen Teil der Luft an der heißen Kernmaschine vorbei direkt in den Nachbrenner. So blieb der Verdichter entlastet, während der Gesamtantrieb bei Mach >3 aerodynamisch optimal „atmete“. Weil die Außenhaut im Flug stark aufheizte, bestand die Zelle überwiegend aus Titan; der Kraftstoff JP-7 diente zusätzlich als Kühlmedium und war so schwer entflammbar, dass zum Zünden des Nachbrenners Triethylboran (TEB) eingespritzt wurde – jedes Zünden begleitet von einem charakteristischen grünen Blitz.

Mit diesem Paket setzte die SR-71 die offiziellen Maßstäbe für luftatmende, bemannte Flugzeuge: schneller als jede andere Maschine, dazu in Höhen, in denen Linienjets nur aus der Ferne zu sehen sind. Der Rekord war kein Einzelflug-Stunt, sondern Alltagstauglichkeit eines Systems, das aus Aerodynamik, Materialien und Triebwerkstechnik das Maximum herausholte.

ZAHLEN UND FAKTEN: Offizieller Geschwindigkeits-Weltrekord (FAI) für bemannte, luftatmende Flugzeuge aus dem Jahr 1976 mit über 3.500 km/h (≈ Mach 3,2–3,3) in großer Höhe; zusätzlich offizieller Höhenrekord im Horizontalflug von über 85.000 ft. Zwei J58-Triebwerke, Titananteil der Struktur sehr hoch, Einsatzprofil: Hochgeschwindigkeitsaufklärung.

ANEKDOTE: Das TEB-„Grünblitzen" beim Nachbrennerzünden wurde zum Insider-Erkennungszeichen am Boden. Piloten beschrieben außerdem, wie sich der Rumpf im Reiseflug um mehrere Zentimeter ausdehnte – so heiß war die Haut, dass die Maschine am Start leicht „undicht" wirkte und erst mit Temperatur „dichtkochte".

Die SR-71 verband so extreme Geschwindigkeit mit operativer Verlässlichkeit – und hält bis heute den Maßstab für luftatmende Rekordflüge.

Fakt 24

Die Cessna 172 – das Arbeitstier und meistgebaute Flugzeug der Welt

Wenn man an die allgemeine Luftfahrt denkt, sieht man fast automatisch eine Cessna 172 vor sich. Seit Mitte der 1950er Jahre prägt sie Flugschulen, Vereine und Privatfliegerplätze – vier Sitze, Hochdecker, gutmütige Flugeigenschaften. Ihr Erfolgsrezept ist unspektakulär, aber überzeugend: stabile Metallbauweise, gut zugängliche Technik, niedrige Betriebskosten, riesige Ersatzteil- und Wartungsbasis und ein Handling, das Fehler verzeiht. Die 172 ist kein Rekordjäger, sondern ein verlässliches Werkzeug – genau das, was man für Ausbildung, Reiseflug und Alltag braucht.

Ausbildungstauglichkeit stand von Anfang an im Pflichtenheft. Das Spornrad der Vorgänger wich einem Bugrad, die Sicht nach vorn ist gut, die Landegeschwindigkeit niedrig, das Stallverhalten berechenbar. Über die Jahrzehnte blieb das Grundlayout gleich, doch die Systeme wanderten in die Moderne: vom „Sechs-Uhren"-Panel zu Glascockpits (z. B. G1000/NXi), von Vergasern zu einspritzenden Varianten, von analogen Funkgeräten zu integrierten Avionik-Suites mit GPS, Autopilot und digitalen Checklisten. Nach einer Produktionspause in den späten 1980ern kehrte die 172 in den 1990ern mit neuen Motor- und Avionikoptionen zurück – und setzte ihren Produktionslauf nahtlos fort.

Dass ausgerechnet dieses Flugzeug zum meistgebauten der Geschichte wurde, liegt an der Breite seiner Einsatzprofile: Schulung, „Hundeknochen"-Platzrunden, Wochenendtrip, Luftbild – die 172 kann alles ein bisschen und das zuverlässig. Wer fliegen lernt, begegnet ihr fast zwangsläufig.

ZAHLEN UND FAKTEN: Erstmals ausgeliefert 1956 (Erstflug 1955); bis heute über 45.000 Exemplare gebaut (mit Produktionspause und späterer Wiederaufnahme). Typisch 160–180 PS, Reise um ~120 kt, Reichweite je nach Version/Beladung grob 600 nm, MTOW bei aktuellen Varianten ~2.550 lb (~1.160 kg).

ANEKDOTE: Unzählige Pilotinnen und Piloten absolvierten ihren ersten Alleinflug auf einer 172 – in vielen Schulen gehört danach das Abschneiden eines Stücks Hemd („shirt tail") zur Tradition. Ein sichtbares Andenken an den Moment, in dem „die 172 und ich" allein unterwegs waren.

Kurz: Die Cessna 172 ist kein Superstar, sondern der verlässliche Dauerläufer – und genau deshalb das meistgebaute Flugzeugmodell der Luftfahrtgeschichte.

Fakt 25

Über dem Wetter – warum die Concorde in ~18 km Höhe kreuzte

Die Concorde flog dort, wo andere nur aus der Ferne zu sehen sind: in rund 18 Kilometern (≈ 60.000 ft). Der Grund ist physikalisch simpel und betrieblich zwingend. Für Reiseflug um Mach 2 braucht man dünne Luft: Je geringer die Dichte, desto kleiner der Wellen- und Reibungswiderstand bei Überschall. Oberhalb der Tropopause, in der unteren Stratosphäre, ist die Luft kalt, dünn und ruhig – ideal für konstantes, schnelles Reisen „über dem Wetter". Die Olympus-593-Triebwerke, die scharfe Ogival-Deltafläche und die Einlaufgeometrie waren genau dafür optimiert: Start mit Nachbrennern, Durchstoß durchs Transonic-Fenster, dann hoch hinaus, Nachbrenner aus und langes, effizientes Kreuzen.

Der Betrieb folgte einer klaren Choreografie: Schwer startet die Concorde tiefer, steigt nach dem Beschleunigen in Stufen, während der Treibstoffverbrauch sinkt, und nimmt schließlich die typische Reiseflughöhe ein. Dort oben ist der Himmel dunkelblau, die Kabine spürbar ruhiger, und die Groundspeed liegt bei über 2.000 km/h. Die Zelltemperatur steigt durch Luftreibung deutlich an; der Rumpf dehnt sich im Reiseflug messbar, weshalb es Bordanzeigen gab, die Machzahl und Temperatur zeigten – Technik wurde zum Erlebnis. Für die Passagiere blieb der Kabinendruck angenehm im üblichen Bereich; die „Höhe" spürte man eher an Aussicht und Geschwindigkeit als am Ohr.

ZAHLEN UND FAKTEN: Reiseflug Mach ≈ 2,02 in ~50–60.000 ft (≈ 15–18 km); typische Subsonic-Airliner kreuzen bei ~30–41.000 ft. Außenhauterwärmung bis in den dreistelligen °C-Bereich an der Nase; Rumpflängung im Reiseflug um etwa 15–20 cm; Nachbrenner nur für Start und Transonic-Beschleunigung.

ANEKDOTE: Wer westwärts flog, konnte „mit der Sonne mitreisen“ – Abflug am Vormittag in Europa, Ankunft am Vormittag in New York. Und viele erinnern sich daran, im Flug die warme Kabinenwand zu fühlen – ein haptischer Beleg dafür, wie schnell die Concorde tatsächlich war.

Fakt 26

Der wohl kürzeste Linienflug – Inselhüpfer auf den Orkneys

Manchmal schreibt Geografie den Flugplan. Zwischen den Orkney-Inseln Westray und Papa Westray trennt nur eine schmale Wasserstraße – Straßen gibt es keine, die See ist rau, die Distanzen klein. Also verbindet ein Linienflug die beiden Pisten täglich: ein echter „Airbridge“-Dienst für Schule, Arzt, Post und Einkauf. Geflogen wird mit einem kleinen STOL-Flugzeug, typischerweise der neunsitzigen Britten-Norman BN-2 Islander. Start, kurzer Steigflug, Umkehrkurs, Sinkflug, Landung – noch bevor der Kaffee in der Thermoskanne kalt ist, steht man wieder am Boden. Der Reiz liegt nicht in Flughöhe oder Service, sondern in Zuverlässigkeit: Die Route ermöglicht Alltag, der sonst am Wetter scheitern würde.

Aerodynamisch ist der Flug unauffällig, betrieblich aber hoch getaktet: kurze Pisten, Seitenwind, schnelle Umläufe. Für die Crew heißt das: maximale Routine in Checklisten und Energiemanagement. Für Reisende ist es ein Stück gelebte Regionalversorgung – und ein kurioses Erlebnis, das Luftfahrtfans auf die Orkneys lockt. Der Flug ist damit mehr als eine Attraktion: Er ist ein Beispiel dafür, wie Luftverkehr Mobilität dort schafft, wo Wasser Grenzen setzt.

ZAHLEN UND FAKTEN: Distanz rund 2,7 km; planmäßige Blockzeit ca. 2 Minuten; typische reine Flugzeit 1–2 Minuten; Betreiber der Linie traditionell Loganair; eingesetzter Typ häufig BN-2 Islander. Bei starkem Rückenwind wurden Rekordzeiten von unter 1 Minute gemessen (um 53 Sekunden).

ANEKDOTE: Wer beide Inseln am selben Tag besucht, hat oft denselben Sitzplatz auf Hin- und Rückflug – Rollzeit, Start und Landung zählen mehr als „Reiseflug“. Manche Passagiere schwören, dass der Sicherheitsgurt kaum eingerastet ist, da setzt das Fahrwerk schon wieder auf.

Fakt 27

Doppeldeck von Nase bis Heck – der A380 als größter Passagierjet

Der Airbus A380 ist das größte Passagierflugzeug mit durchgehendem Doppeldeck – zwei Ebenen über die volle Rumpflänge, kein „Buckel“ wie bei der 747. Ziel war nicht nur Kapazität, sondern auch Ruhe und Reichweite: vier sparsame Turbofans, ein sehr großer Flügel mit ausgeprägten Hochauftriebshilfen und eine druckfeste, breite Kabine für lange Nonstop-Etappen. Das Layout ermöglichte neue Kabinenkonzepte (zwei echte Gänge pro Deck, breite Sitze, leise Kabine) und bündelte viele Reisende auf stark nachgefragten „Hub-to-Hub“-Routen. Wegen der Spannweite nahe 80 Metern brauchten Flughäfen teils breitere Rollwege, verstärkte Abstellflächen und Mehrfach-Jetbridges für paralleles Boarding oben und unten – der A380 prägte damit auch die Infrastruktur.

Technisch wurde zwischen zwei Triebwerksfamilien gewählt: Rolls-Royce Trent 900 oder Engine Alliance GP7200. Der Betrieb spielt seine Stärken auf langen Distanzen aus: hohe Sitzplatzdichte bei guter Reichweite, stabile Reiseflug-Performance um Mach 0,85 und eine bemerkenswert leise Kabine. Wirtschaftlich blieb der A380 jedoch ein Spezialist: Er glänzt, wenn die Nachfrage die großen Hubs füllt; in schwächeren Märkten sind kleinere, flexibel einsetzbare Twins im Vorteil. Produktion und Flottenplanung folgten dieser Realität – der Jet bleibt dennoch Ikone des Langstreckenverkehrs.

ZAHLEN UND FAKTEN: Erstflug 27.04.2005; Indienststellung 2007 (Singapore Airlines). Spannweite 79,75 m, Länge 72,7 m, Höhe ~24 m. MTOW bis 575 t. Typische Bestuhlung ~500–550 Plätze, maximal über 800 möglich. Reise um Mach ~0,85; Triebwerke RR Trent 900 oder EA GP7200.

ANEKDOTE: Viele Airports richteten spezielle Doppel-Gates ein: Zwei Brücken docken gleichzeitig an – unten Economy, oben Upper Deck. Wer zum ersten Mal an Bord geht, merkt beim Rollen die Ruhe: Trotz Größe ist der A380 im Kabinengefühl oft der leiseste Flieger am Platz.

So wurde der A380 zum Symbol für gebündelte Langstrecken – technisch beeindruckend, kabinenseitig komfortabel und unübersehbar auf jedem Vorfeld.

Fakt 28

18 Stunden am Stück – warum Nonstop heute funktioniert

Ultralangstrecke war früher eine Domino-Reise mit Tankstops. Heute tragen effiziente Großturbofans, leichte Zellen (viel CFK) und ausgeklügelte Flugplanung dazu bei, dass Nonstop-Segmente von 14–18 Stunden Alltag sind. Der Schlüssel ist Systemleistung: hohe Nebenstromverhältnisse senken Verbrauch und Lärm, schlanke Aerodynamik reduziert Widerstand, moderne Kabinen erlauben niedrigere „Kabinenhöhen“ und damit entspannteres Reisen. Dazu kommen Routenfreiheit durch GNSS/RNP und ETOPS/EDTO-Regeln, die Twins sicher über Ozeane und Polarregionen führen – mit definierten Ausweichplätzen entlang der Strecke.

Betrieblich zählt Energiemanagement. Airlines wählen Cost Index und Reiseflughöhen so, dass Winde genutzt werden; Step-Climbs heben die Reiseflughöhe, wenn Gewicht sinkt. Die Tankstrategie balanciert Payload-Range: genug Kraftstoff für Route, Wetter, Vereisung und Reserven – aber nicht so viel, dass man unnötig „Treibstoff spazieren fliegt“. Legal gehören u. a. Taxi Fuel, Trip Fuel, Contingency Fuel, Ausweich- und Final Reserve in den Plan; bei Bedarf kommt Extra Fuel dazu. Crew-Rostering mit Ruhekojen (Bunks) und zusätzlicher Besatzung hält die Arbeitszeiten regelkonform, während die Kabine mit Servicezyklen den Tagesrhythmus simuliert.

ZAHLEN UND FAKTEN: Typische ULH-Distanzen liegen bei ~13.000–15.000 km mit Blockzeiten ~16–18+ h (windsensitiv). Moderne Airliner kreuzen um Mach 0,84–0,85; Reichweitenrekorde der Klasse liegen jenseits 17.000 km (spezielle Langstreckenvarianten). ETOPS-/EDTO-Freigaben erlauben große Abstände zu Ausweichplätzen, solange Zeitgrenzen und Systemverfügbarkeit eingehalten werden.

ANEKDOTE: Auf manchen West-Ost-Strecken sieht die Crew zwei Sonnenaufgänge in einem Dienst – und der „Step-Climb“ fühlt sich an wie Treppensteigen in den Himmel: Nach einigen Tonnen verbranntem Treibstoff bittet man um die nächsthöhere Flugfläche, der Verbrauch sinkt weiter.

Fazit: Reichweite ist heute eine Planungsaufgabe – aus Aerodynamik, Triebwerkseffizienz, Windnutzung und kluger Treibstoff- und Crewstrategie.

Fakt 29

Abheben auf der Briefmarke – was STOL-Flugzeuge möglich macht

STOL (Short Take-Off and Landing) heißt: starten und landen, wo andere nicht hinkommen – auf kurzen, unbefestigten oder steilen Pisten. Der Trick ist kein einzelnes Bauteil, sondern ein Paket aus Aerodynamik, Gewicht und Technik. STOL-Flügel tragen bei sehr niedrigen Geschwindigkeiten viel Auftrieb: ausgeprägte Vorflügel/Slats, mehrfache, geschlitzte Fowler-Klappen, oft Wirbelgeneratoren – alles dafür, die Grenzschicht „wach" zu halten und CLmax weit nach oben zu schieben. Dazu kommen große Propeller, die den Luftstrom über Flügel und Leitwerke anblasen (Propwash hält Ruder wirksam), robuste, langbeinige Fahrwerke mit großvolumigen, niedrig befüllten „Tundra"-Reifen und kräftige Bremsen. Viele Turboprops nutzen am Boden die Beta-/Reverse-Stellung des Propellers, um den Auslauf drastisch zu verkürzen. Die Zelle ist leicht, die Flächenbelastung klein – so sinken Stall- und Anfluggeschwindigkeit, und die Energie beim Aufsetzen bleibt beherrschbar.

Im Betrieb zählt Technik: kurze Beschleunigungsphase mit hohem Anstellwinkel, frühes Abheben, sofortiges „Hindernissteigflug"-Profil; zur Landung steiler Anflug mit viel Klappe, präziser Geschwindigkeitsführung, punktgenauer Aufsetzstelle und aggressivem Bremsen/Reverse. Genau so versorgen Buschflieger abgelegene Dörfer, Sandbänke oder Altiports; bewährte Muster reichen von Arbeitsflugzeugen wie PC-6 Porter, DHC-6 Twin Otter oder Do 228 bis zu modernen Bush-Cubs.

ZAHLEN UND FAKTEN: STOL ist kein einzelnes Zertifikat, sondern eine Leistungsfähigkeit; typische Nutzflugzeuge kommen – abhängig von Gewicht/Umgebung – mit Start-/Landestrecken im niedrigen Hunderter-Meter-Bereich aus, spezialisierte Leichtflugzeuge in Wettbewerben teils mit wenigen Dutzend Metern. Niedrige Anfluggeschwindigkeiten (oft ~45–55 kt bei Utility-STOL) und hohe CLmax-Werte sind charakteristisch.

ANEKDOTE: Ikonisch ist der STOL-Wettbewerb in Valdez (Alaska): Bei Gegenwind, Vollklappen und perfekter Technik „springen" einige Bush-Flugzeuge nach wenigen Flugzeuglängen ab – ein Publikumsbeweis dafür, wie viel Auftrieb sich aus kurzer Bahn holen lässt.

Kurz: STOL ist die Kunst, Auftrieb, Masse und Energie so zu managen, dass aus knapper Fläche sichere Starts und Landungen werden.

Fakt 30

Gleitflug auf Strecke – warum Segelflugzeuge hunderte Kilometer schaffen

Segelflugzeuge haben keinen Motor, aber sie haben ein Ass im Ärmel: Aerodynamik plus „freie" Aufwinde. Die schlanken Flügel liefern sehr geringe Widerstände; die Gleitzahl beschreibt, wie weit ein Segler aus einer Höhe in ruhiger Luft kommt. Eine Gleitzahl von 40:1 heißt: Aus 1.000 m Höhe gleitet man 40 km weit – ohne einen einzigen Aufwind. In der Praxis nutzt man die Atmosphäre als Energielieferant: Thermik (aufsteigende Warmluft über sonnigen Flächen), Hangaufwind (Wind, der an Hängen nach oben abgelenkt wird) und Leewellen (stehende Wellen in Gebirgsströmungen). Der Flug wird ein Spiel aus Steigen und Gleiten: im

Aufwind kreisen, Höhe „tanken“, danach im Schnellflug zur nächsten Quelle, wieder steigen – Kilometer für Kilometer.

Damit das klappt, hilft Präzision. Variometer zeigen das feinste Steigen/Sinken in Metern pro Sekunde, Gleitflugrechner geben Speed-Tipps (MacCready-Theorie), und auf der Strecke entscheidet Streckenführung: Sonnenseite, Wolkenbasis, Linien unter „Wolkenstraßen“. Wettbewerbe und Streckenflüge funktionieren so routiniert, dass 300–500 km an guten Tagen Standardaufgaben sind; bei Hang- und Wellenlagen werden daraus leicht noch größere Distanzen. Der Motor fehlt – aber die Physik liefert genug, wenn man sie lesen kann.

ZAHLEN UND FAKTEN: Moderne Club-/Standardklasse erreicht Gleitzahlen von ~35–45, Hochleistungs-Open-Class >50, teils ~60:1. Aus 2.000 m Höhe bedeutet 40:1 rechnerisch ~80 km Reichweite in ruhiger Luft. FAI-Streckenrekorde im Segelflug liegen bei über 3.000 km (Wellenflug). Start per Winde oder F-Schlepp.

ANEKDOTE: Das „Singen“ des Variometers ist der Soundtrack des Segelflugs – ein höherer Ton heißt Steigen. Wer zum ersten Mal unter einer Wolkenstraße minutenlang ohne Höhenverlust 150–200 km/h „durchzieht“, versteht, wie man ohne Motor quer durchs Land fährt.

KAPITEL 4

Flugzeuge in der Kultur

Fakt 31

Flugshows – Technik zum Anfassen, Display in der Luft, Sicherheit als Hauptrolle

Flugshows sind zweigeteilt: Am Boden die statische Ausstellung mit geöffneten Klappen, Cockpit-Besuchen, Technikständen und Museumsraritäten; in der Luft das Flugprogramm mit Solodisplays, Formationen, Oldtimern und modernen Jets. Beide Teile greifen ineinander: Wer unten die Nieten zählt, versteht oben die Manöver besser – und umgekehrt. Damit das spektakulär, aber kontrolliert bleibt, läuft alles nach strengem Schema.

Der Luftraum wird per NOTAM/Temporärsperrung geschützt, das Display findet in einer definierten „Box“ statt. Mindesthöhen, seitliche Abstände zur Zuschauerlinie und Flugsektoren sind festgelegt; die Grundregel „nie zur Menge drehen“ ist heilig. Pilotinnen und Piloten benötigen eine spezielle Display-Berechtigung, es gibt verpflichtende Briefings, Wetterminima und einen Display Director, der Ablauf, Zeitfenster und Freigaben koordiniert. Feuerwehr,

Sanitätsdienst und „crash crews“ stehen in Bereitschaft; am Boden halten Absperrungen, Marshals und „sterile Zonen“ die Wege frei. Auch der Lärm wird gemanagt – mit Anflugrichtungen, Zeitfenstern und Messpunkten.

Für Besucher ist die Mischung der Reiz: Vormittags durch den Frachtraum einer Transportmaschine gehen, nachmittags dasselbe Muster im „tactical“ Überflug sehen; nebenan zeigt ein Kunstflugteam präzise Formationsfiguren, danach gleitet ein Warbird im tiefen Überflug vorbei. Bildung kommt gratis dazu: STEM-Zelte, Nachwuchsprogramme, Vorträge.

ZAHLEN UND FAKTEN: Große Shows ziehen an einem Wochenende zehntausende bis hunderttausende Menschen an; typische Elemente sind „aerobatic box“, Display Director, NOTAM/TFR, Mindesthöhen/Abstände, Emergency Response vor Ort.

ANEKDOTE: Wer einen Scanner dabeihat, hört die Choreografie live: „Smoke on... ready... break!“ – Sekunden später zeichnet Rauch die Figur in den Himmel, und unten nickt der Display Director: Plan erfüllt, sicher geflogen.

Fakt 32

Plane Spotting – wenn Registrierungen Geschichte schreiben

Spotter halten fest, was sonst flüchtig wäre: Kennzeichen, Lackierungen, besondere Einsätze. Sie dokumentieren, wann welches Flugzeug wo war, in welchem Anstrich, mit welchen Triebwerken, Winglets oder Sondermarkierungen – und machen aus einzelnen Sichtungen eine Chronik der Flotten. Ihre Fotos sind mehr als schöne Bilder: Sie belegen Auslieferungen, Umlackierungen,

Leasing-Wechsel, Stilllegungen und Reaktivierungen. Jahre später lässt sich so nachvollziehen, wann eine Retro-Livery auftauchte, wann ein Frachter umgebaut wurde oder wann ein Rumpf noch alte Antennen trug. Für Museen, Autoren, Historiker – und oft auch für Airlines selbst – sind diese Aufnahmen ein Archiv der Praxis.

Der Ablauf ist organisiert. Beliebte Punkte rund um den Flughafen werden mit Rücksicht auf Sicherheit und Anwohner gewählt; Leitern stehen hinter Zäunen, nicht an ihnen, und „sterile Zonen" bleiben tabu. Funk- und Wetter-Apps helfen beim Timing, ADS-B-Daten zeigen Anflüge, und vor Ort gilt: Sichtlinien, Licht, Brennweite. Beliebt sind 70–200 mm oder 100–400 mm; bei Taxiway-Nähe reichen oft kürzere Brennweiten. Entscheidend ist die Datentreue: zu jedem Foto gehören Uhrzeit, Ort, Registrierung und – wenn möglich – Baunummer oder Seriennummer. So wächst aus vielen Einzelbeiträgen eine belastbare Quelle.

ZAHLEN UND FAKTEN: Registrierungen bestehen aus Staatspräfix + Kennung (z. B. D-ABCD Deutschland, G-ABCD UK, N123AB USA). Viele Spotter erfassen zusätzlich MSN/Line-No., Lackierungsstatus („full/ hybrid/ retro") und Ereignisse (Erstflug, Lieferung, letzter Flug). Großarchive und Datenbanken aggregieren diese Angaben und erlauben Recherchen über Jahre.

ANEKDOTE: Eine seltene Sonderlackierung war nur wenige Wochen unterwegs – das beste Sonnenfenster gab es an einem Mittwochabend. Ein Spotter traf sie „golden hour" im Finale; Jahre später nutzte die Airline genau dieses Foto, um die Livery für ein Museumsprojekt korrekt nachzuzeichnen.

So wird Spotting vom Hobby zum Gedächtnis der Luftfahrt – präzise, fleißig und unschätzbar für die Geschichte hinter jedem Kennzeichen.

Fakt 33

Alfa, Bravo, Charlie – warum ein Alphabet Funkverkehr klar macht

Das NATO-/ICAO-Funkalphabet ist die gemeinsame Sprache für Buchstabieren am Funk. Statt einzelner Buchstaben, die sich leicht verwechseln (B/P, M/N, S/F), nutzt man feste Wortnamen: Alfa, Bravo, Charlie, Delta ... bis Zulu. So bleibt eine Registrierung, ein Rufzeichen oder ein Waypoint auch bei Rauschen, Dialekten und Störungen eindeutig. Entwickelt und standardisiert wurde das System von der ICAO; NATO, Zivilluftfahrt, Marine, Rettungsdienste und Amateurfunk übernahmen es weltweit. Wichtig ist nicht nur die Wortliste, sondern auch die definierte Aussprache – damit „global verständlich" wirklich funktioniert.

Zur Standardisierung gehören außerdem speziell artikulierte Ziffern: „tree" (3), „fower" (4), „fife" (5) und „niner" (9). Diese Formen reduzieren Verwechslungen mit ähnlich klingenden Wörtern (z. B. neun/Nein) und bleiben auch bei schlechter Qualität erkennbar. Einige Schreibweisen sind bewusst „ungewohnt": Alfa mit f (nicht „Alpha"), damit Sprecher mit ph-/f-Unterschieden es gleich aussprechen; Juliett mit zwei t, damit das t auch in Sprachen ausgesprochen wird, die es sonst verschlucken könnten. Im Ablauf nutzt man Formeln wie „I spell..." und „I say again...", dazu klare Pausen – Funk ist kein Gespräch, sondern strukturierte Datenübermittlung.

ZAHLEN UND FAKTEN: 26 Buchstabenwörter (Alfa–Zulu) plus standardisierte Ziffernaussprache (zero, wun, too, tree, fower, fife, six, seven, ait, niner). Verbindlich in der Flugfunkphraseologie nach ICAO; identisch im NATO-Gebrauch.

ANEKDOTE: Ein klassisches „Say again?“ im Funk endet oft mit buchstabieren: „Route is N-I-L—nil“ oder „Gate C as in Charlie“. Wer das einmal trainiert hat, merkt, wie rasant Missverständnisse verschwinden – selbst bei prasselndem Regen und vollem Äther.

Fakt 34

Warum „Black Boxes“ orange sind – FDR und CVR erklären Unfälle

„Black Box“ ist ein irreführender Spitzname: Die Gehäuse sind leuchtend orange und mit reflektierenden Streifen markiert, damit man sie nach einem Unfall leichter findet. An Bord gibt es zwei Recorder-Typen. Der Flugschreiber (FDR, Flight Data Recorder) zeichnet kontinuierlich Hunderte bis über Tausend Parameter auf – von Höhe, Geschwindigkeit und Kurs bis zu Steuerflächen, Triebwerkswerten und Autopilot-Zuständen. Der Cockpit-Stimmrekorder (CVR, Cockpit Voice Recorder) speichert die Cockpit-Akustik: Funk, Intercom, Warntöne und Umgebungsgeräusche. Zusammen liefern sie Ermittlern eine zeitlich genaue, objektive Rekonstruktion des Flugablaufs – nicht zur Schuldzuweisung, sondern um Ursachen zu verstehen und Sicherheit zu verbessern.

Beide Recorder stecken in crashüberlebensfähigen Speichereinheiten (Crash-Survivable Memory Units). Diese widerstehen enormen Stoßbelastungen, Feuer- und Hitzedauer, Druck, Durchdringung und langem Wasseraufenthalt. Häufig sind FDR und CVR in einem kombinierten Gerät im Heckbereich installiert, weil dort die Überlebenswahrscheinlichkeit der Struktur höher ist. Für die Suche im Wasser tragen sie einen Unterwasser-Ortungssender (ULB), der nach Wasserkontakt über Wochen mit 37,5 kHz

„pingt"; neuere Beacons halten teils bis zu 90 Tage. Moderne CVR speichern mindestens zwei Stunden Ton (ältere 30 Minuten), und Solid-State-Speicher hat die früheren Bandgeräte abgelöst – robuster, wartungsärmer und mit klarer Zeitbasis.

ZAHLEN UND FAKTEN: FDR zeichnen kontinuierlich Hunderte/≥1000 Parameter auf; CVR mindestens 2 h Tonspur. Crash-Survivability umfasst u. a. Stoß, Feuer/Hitze, Druck/Flüssigkeit; ULB sendet typischerweise bei 37,5 kHz ≥30 Tage (neuere bis 90 Tage). Gerätegehäuse in „International Orange" mit Reflexstreifen.

ANEKDOTE: Das berühmte „Ping" der ULBs ist unter Wasser viele Kilometer weit detektierbar. Bei Suchaktionen folgen Teams diesem periodischen Klicken – jede kürzer werdende Zeit zwischen den Echos ist ein kleiner Triumph auf dem Weg zur Bergung.

Fakt 35

Zahlen auf Asphalt – wie Bahnen ihre Nummern bekommen

Runway-Nummern sind Kompassangaben in Kurzform. Gezählt wird nach der magnetischen Ausrichtung der Bahn, auf die nächsten 10 Grad gerundet und ohne letzte Null geschrieben. Aus 272° wird „27", aus 094° „09". Jede Bahn hat ein Gegenstück in 180°-Richtung: „27" wird „09", „34" wird „16" – zusammen liest man das als 09/27 oder 16/34. Weil sich das Magnetfeld der Erde langsam ändert (Missweisung/Drift), kann eine Bahn nach Jahren eine neue Zahl bekommen, sobald die Rundungsgrenze überschritten ist. Deshalb heißt eine 09/27 irgendwann 10/28, obwohl der Beton sich nicht bewegt hat.

Parallelbahnen tragen Zusatzbuchstaben: L (Left), C (Center), R (Right). Mit zwei parallelen Ost-West-Bahnen wird daraus z. B. 09L/27R und 09R/27L. Stehen drei Bahnen parallel, kommt „C" dazu. Haben Flughäfen vier oder mehr parallele Bahnen, helfen kleine Winkel- oder Ortsunterschiede bei der Unterscheidung – deshalb können auf einem Platz zwei nahezu parallele Pisten unterschiedliche Nummern haben (etwa 24L/24R auf der Nordseite und 25L/25R auf der Südseite). In sehr hohen Breitengraden mit großer Missweisung nutzen einige Staaten statt der Magnet- die wahre Ausrichtung als Basis.

ZAHLEN UND FAKTEN: Nummern reichen von 01 bis 36 (≈ 010° bis 360°/0°). Rundungsregel: ±5°. Beispiele: 084° → „08", 086° → „09". Paarbildung immer mit +/− 180°. Parallelen mit L/C/R. Renummerierungen erfolgen, wenn die lokale magnetische Abweichung eine neue Rundung ergibt.

ANEKDOTE: Wenn auf einmal Schablonen und Schilder getauscht werden, ist nicht „Marketing" schuld, sondern die Erdphysik: Airports müssen bei einer Renummerierung hunderte Markierungen, Anflugbriefe und Funksprüche anpassen – ein großes Projekt, obwohl die Bahn exakt dort bleibt, wo sie war.

Fakt 36

„Heavy" am Funk – Schutz vor Wirbelschleppen in einem Wort

Der Zusatz „Heavy" im Rufzeichen ist kein Prestige, sondern ein Sicherheitsmerkmal. Er signalisiert der Flugsicherung und anderen Crews: Dieses Flugzeug gehört in die Wake-Turbulence-Klasse „Heavy" – es erzeugt starke Randwirbel (Wirbelschleppen), die nach Start oder im Anflug lange hinter der Maschine stehen können. Solche Wirbel entstehen an den Flügelspitzen, sinken langsam ab und können leichtere Flugzeuge abrupt kippen lassen. Damit Controller passende Abstände anordnen, melden sich Piloten schwerer Jets auf der Frequenz mit dem Suffix, etwa „Lufthansa Eight Two Heavy".

Die Einordnung richtet sich nicht nach dem heutigen Abfluggewicht, sondern nach dem maximalen Startgewicht (MTOW): Ab 136.000 kg (≈ 300.000 lb) gilt „Heavy". Der Zusatz sorgt dafür, dass die vorgeschriebenen Staffelungen greifen – auf Anflugradar als Distanzminima, beim Start als Zeitminima. So wird z. B. hinter einem Heavy je nach nachfolgender Kategorie ein größerer Abstand gehalten als hinter „Medium". In den USA gibt es zusätzlich „Super" (z. B. für den A380; historisch auch An-225), weil dessen Wirbel nochmals kräftiger sind. Moderne Re-Kategorisierungen (RECAT) verfeinern die Gruppen, das Prinzip bleibt: klarer Funkzusatz, klare Trennung.

ZAHLEN UND FAKTEN: Wake-Klassen nach ICAO traditionell Light (⩽7 t), Medium (7–136 t), Heavy (⩾136 t); in den USA zusätzlich „Super". Typische Anflug-Minima klassisch: Heavy hinter Heavy ⩾4 NM, Medium hinter Heavy ⩾5 NM, Light hinter Heavy ⩾6 NM; beim Start teils 2-Minuten-Abstände hinter Heavy/Super (konfigurationsabhängig).

ANEKDOTE: Wer im Endanflug vom Tower den Hinweis „Caution wake turbulence" hört, weiß: Vorn war gerade ein Heavy. Ein leicht versetzter Anflugpfad oder ein Tick höherer VOR-Anflugpunkt reicht oft, um die sinkenden Wirbel elegant zu umgehen.

Fakt 37

Sicherheitsdemo – warum das Briefing mehr ist als Pflichtprogramm

Die Sicherheitsvorführung vor dem Start ist kein Höflichkeitsritual, sondern vorgeschriebenes Training für den Ernstfall. Behörden (ICAO-Standards, umgesetzt z. B. durch EASA/FAA) verlangen, dass alle Passagiere vor jedem Abflug über Notausgänge, Anschnallgurte, Sauerstoffmasken, Schwimmwesten, Rauchverbot und elektronische Geräte informiert werden. Das Briefing standardisiert Inhalte und Reihenfolge, damit im Notfall jeder Handgriff sitzt: Gurt schließen/öffnen, nächste Ausgänge zählen, Wegebeleuchtung am Boden, „Brace"-Haltung, Verhalten bei Evakuierung. Gezeigt wird live im Gang oder per Video; ergänzt wird alles durch die Sicherheitskarte in der Sitztasche, die muster- und layoutspezifische Details zeigt.

Zur Demo gehört mehr als das Abspielen eines Films. Die Kabinencrew prüft parallel, ob Gurte geschlossen, Rückenlehnen/Klapptische verstaut, Gepäck verräumt, Fensterblenden an den Ausgängen oben und Gänge frei sind. In Notausgangsreihen gibt es zusätzlich eine persönliche Einweisung und die Möglichkeit umzusetzen, falls jemand die Anforderungen (z. B. körperliche Mitwirkung, Sprachverständnis) nicht erfüllt. Sprachen und Gebärdenanteile passen Airlines ihrem Streckennetz an; auch kreative Videos sind erlaubt – solange alle Pflichtinhalte vollständig und korrekt vermittelt werden.

ZAHLEN UND FAKTEN: Sicherheitsbriefings sind vor jedem Start obligatorisch; Pflichtinhalte umfassen u. a. Gurte, Ausgänge/Markierungen, Masken, Westen, Bodenbeleuchtung, Rauch-/Gerätehinweise. Evakuierungsnachweis in der Zulassung: 90-Sekunden-Regel (voll besetzte Kabine, halbe Ausgänge nutzbar).

ANEKDOTE: Die witzigen oder prominent besetzten Videos mancher Airlines sorgen für Aufmerksamkeit – genau der Punkt: Je mehr Augen und Ohren beim Briefing dabei sind, desto besser funktioniert Erinnerung, wenn Sekunden zählen.

Fakt 38

Lackierungen mit Vergangenheit – Retro-Liveries als fliegende Geschichtsstunden

Retro-Liveries holen historische Designs für eine Weile zurück auf den Vorfeld-Alltag. Airlines markieren damit Jubiläen, Flottenmeilensteine oder Fusionen – und erzählen ihre Markengeschichte in Echtzeit. Typisch sind alte Logos, Schrifttypen und „Cheatlines" entlang der Fensterreihe; innen bleibt alles modern, außen sieht's aus wie 1958, 1969 oder 1984. Für Fans sind diese Flieger Magneten: Ein alltäglicher Linienflug wird zum Ereignis, Kameras klicken schon beim Rollen.

Betrieblich gelten die gleichen Regeln wie bei jeder Lackierung. Not- und Wartungsmarkierungen müssen aktuell normgerecht bleiben, Kontraste an Türen/Fenstern ebenso. Meist geschieht der Umlack bei einer planmäßigen Wartung (z. B. Heavy Check), wenn ohnehin alte Farbschichten runtermüssen. Der Gewichtsunterschied liegt im Bereich „einige hundert Kilo Lack" bei Großraumfliegern – im Tagesbetrieb zu vernachlässigen. Marketingseitig ist der Effekt messbar: Retro-Jets sorgen für hohe Sichtbarkeit, Social-Media-Reichweite und ein freundliches Echo bei Crews, Boden- und Fluggästen gleichermaßen.

ZAHLEN UND FAKTEN: Retro-Lacke erscheinen oft in Kleinstserien (ein bis wenige Flugzeuge) und bleiben typischerweise eine Lackperiode an Bord (mehrere Jahre bis zur nächsten Komplettlackierung). Sicherheits- und Wartungshinweise (z. B. Türpiktogramme, Rettungswege, Registrierungsgröße) folgen stets aktuellen Vorschriften – selbst wenn das Design „alt“ aussieht.

ANEKDOTE: Zum runden Airline-Jubiläum rollten in Großbritannien gleich mehrere Linienjets in historischen BOAC-/BEA- und klassischen Haus-Designs aus der Lackierhalle – an Spotterpunkten standen die Leute in Reihen, um „ihre“ Retro-Version im Anflug zu erwischen. Für viele Airports waren diese Ankünfte die meistfotografierten des Jahres.

Kurz: Retro-Liveries sind gelebte Luftfahrtgeschichte – vollständig zulassungskonform, hoch emotional und ein Geschenk an die Community.

Fakt 39

Fliegen im Kopf – Luftfahrt als Popkultur-Dauerbrenner

Luftfahrt ist weit mehr als Technik; sie liefert Bilder und Geschichten, die sofort zünden. In Filmen steht der Jet für Tempo, Risiko und Fernweh – von „Top Gun“ (1986) über „The Aviator“ (2004) bis „Top Gun: Maverick“ (2022). Animation greift das ebenso auf, etwa in Hayao Miyazakis „Porco Rosso“ (1992), wo Flugzeuge fast zu Figuren werden. Literatur nutzt Fliegen als Perspektive: Antoine de Saint-Exupéry schrieb als Pilot über Einsamkeit, Navigation und Verantwortung – „Der kleine Prinz“ (1943) beginnt nicht zufällig mit einer Bruchlandung in der Wüste.

Auch Musik, Mode und Werbung bedienen sich der Ästhetik: „Aviator"-Brillen, Winglet-Silhouetten, Startlauf-Beats im Musikvideo – das Bild vom Abheben ist kurzer Code für Aufbruch. Parallel hat sich eine eigene Medienwelt um die Luftfahrt gebildet: YouTube-Cockpitvlogs, Spotter-Feeds, Podcasts, Longform-Reportagen über Wartung, Streckennetz oder Training. Und natürlich die Sims: Virtuelle Cockpits, reale Checklisten – eine Schnittstelle zwischen Community und Cockpit, die Nachwuchs begeistert und Wissen transportiert.

ZAHLEN UND FAKTEN: „Wings" (1927) gewann bei der ersten Oscar-Verleihung den Preis für den besten Film – ein Luftfahrt-Epos. „Der kleine Prinz" erschien 1943; Autor Saint-Exupéry war Linien- und Aufklärungsflieger. Der Microsoft Flight Simulator startete 1982 eine langlebige Sim-Reihe und brachte realistische Karten/Flugdynamiken ins Wohnzimmer.

ANEKDOTE: Nach dem Kinostart von „Top Gun" berichteten Rekrutierungsstellen von spürbar mehr Interessenten fürs Fliegen – ein oft zitiertes Beispiel dafür, wie stark Filmstimmung in die echte Luftfahrt ausstrahlen kann.

Kurz: Popkultur macht Luftfahrt fühlbar – sie liefert Emotion und Vokabular für das, was Technik allein nicht erzählen kann: Freiheit, Präzision, Mut und die Lust, die Welt von oben zu sehen.

Fakt 40

Lebende Sammlungen – wie Museen Klassiker flugfähig halten

Viele Luftfahrtmuseen bewahren Technik nicht nur hinter Absperrseilen, sondern in der Luft. Neben statischen Exponaten pflegen sie flugfähige Klassiker: Stoff-und-Holz-Doppeldecker,

Kolben-Warbirds, frühe Jets oder Oldtimer-Transporter. „Flugfähig“ heißt dabei nicht Nostalgie, sondern ein komplettes System aus zugelassenem Instandhaltungsbetrieb, Wartungsprogramm, Teileversorgung (original, überholt oder nachgefertigt), Dokumentation und speziell geschulten Pilotinnen und Piloten. Regulatorisch laufen solche Flugzeuge unter nationalen Regeln mit Lufttüchtigkeitsnachweis oder besonderen Genehmigungen („Permit to Fly“), inklusive jährlicher Nachprüfungen. So bleibt Technikgeschichte nicht nur sichtbar, sondern erlebbar.

Warum das wichtig ist: Ein laufender Sternmotor vermittelt Schwingungen, Geruch, Klang – Dinge, die ein Schild nie erklärt. Bei Vorführungen lassen sich Aerodynamik und Bedienung zeigen: Klappen, Trimmung, Propellerblattverstellung, Fahrwerkskurbeln. Publikum, Crew und Restauratorenteams sprechen direkt miteinander; Wissen über Leinwandbespannung, Holzholme, Nieten und alte Instrumente bleibt lebendig und wandert an die nächste Generation. Viele Häuser ergänzen Flugtage mit Motorprobeläufen, Taxi-Demos, Werkstattführungen und Einführungen in Navigation und Wartung – Technikgeschichte im Live-Betrieb.

ZAHLEN UND FAKTEN: Eine Vollrestaurierung kann mehrere Jahre dauern und zehntausende Arbeitsstunden binden; selbst „kleine“ Oldtimer liegen im Betrieb bei hohen dreistelligen bis vierstelligen Euro-Beträgen pro Flugstunde, große Warbirds im fünfstelligen Bereich. Jährliche Nachprüfung/ARC, wiederkehrende Inspektionen (Kalender/Bedarf), Korrosions- und Stoffkontrollen, Motor-TBO: all das gehört zum Standard.

ANEKDOTE: Wenn ein frisch restaurierter Oldtimer nach Jahrzehnten zum „First Flight“ rollt, stehen Freiwillige und Ingenieure mit öligen Handschuhen am Zaun still – bis die Räder abheben. Danach Applaus, Tränen und ein Eintrag im Logbuch, der mehr wiegt als jede Infotafel: Maschine fliegt wieder – Geschichte lebt.

KAPITEL 5

Flugzeuge im Einsatz (Passagier, Fracht, Spezial)

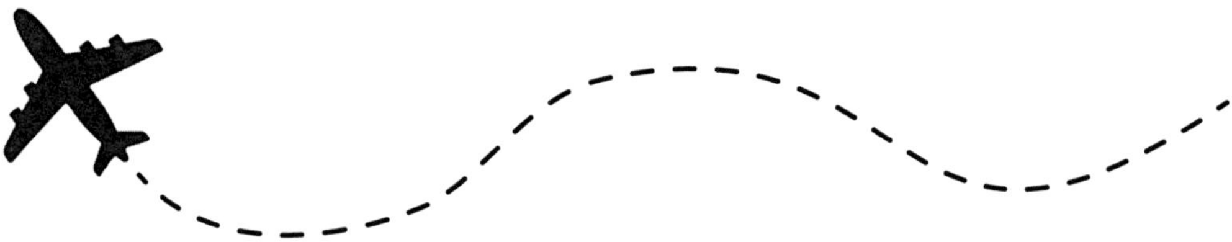

Fakt 41

Wie Frachter laden – verstärkte Böden, große Tore und ULD-Standard

Reine Frachter (und umgebaute Passagiermaschinen) sind um das Laden herum konstruiert. Der Hauptdeckboden ist verstärkt und mit Rollbahnen („ball mats“) sowie Verzurr- und Verriegelungsschienen ausgerüstet. Darauf gleiten Paletten oder Container in Minuten an ihre Position und werden mit Sperrklinken („locks“) gegen Schub- und Verzögerungskräfte fixiert. Große Frachttore – seitlich am Hauptdeck, bei einigen Typen zusätzlich eine aufklappbare Bugnase (z. B. 747F) oder Heckrampe (v. a. bei Militär/SpecOps) – schaffen die Öffnung für Übermaßfracht. Ein 9-g-Barrier-Netz trennt Cockpit und Fracht, Rauchmelder überwachen die Laderäume; die Systeme sind auf andere Brandklassen ausgelegt als bei Passagierkabinen.

Damit weltweite Logistikketten funktionieren, wird standardisiert geladen: ULDs (Unit Load Devices) sind genormte Paletten und Container, die Form und Maße typischer Frachträume optimal ausnutzen. Contour-Container schmiegen sich an die Rumpfkontur (Lower-Deck bei Widebodies), flache Paletten bilden auf dem Hauptdeck flexible „Böden" für Kisten, Maschinen oder Fahrzeuge. Die Standardisierung spart Zeit, Personal und Fehler: Ein ULD, der in Asien gebaut wird, passt in Europa ins gleiche Flugzeug – inklusive Netzen, Eckbeschlägen und Gewichtsdokumentation. P2F-Umbauten (Passenger-to-Freighter) rüsten Passagierjets mit einem großen Hauptdecktürschnitt, Bodenverstärkungen, Rauchdetektion und Fracht-Avionik nach – aus Sitzen werden Raster, aus Galley/Overheads werden Leichtbauschotten.

ZAHLEN UND FAKTEN: Weit verbreitete ULD-Typen sind u. a. LD3-Container (AKE) fürs Unterdeck vieler Widebodies und PMC/„P6P"-Paletten (96 × 125 in) fürs Hauptdeck. Frachter besitzen angetriebene Rollen/Seitenschieber; Verriegelungen sichern ULDs in Längs-/Querachse. 747F kann über die Bugklappe Langgüter laden; 777F/767F/A330F setzen primär auf große Seitentore. P2F-Programme (z. B. 737-800BCF, A321P2F, A330P2F) fügen eine Hauptdecktür und ein 9-g-Barrierenetz hinzu.

ANEKDOTE: Wer einmal ein „power-on"-Loading gesehen hat, vergisst den Takt nicht: Paletten reihen sich an der Rampe, der Loadmaster tippt – surrend laufen die ULDs auf Rollfeldern in den Rumpf, rasten in Sekunden in den Locks ein, Scanner piepen – und der Jet ist schneller „door closed" als man Kaffee nachfüllt.

Kurz: Verstärkte Böden und große Tore schaffen die Hardware, ULD-Standards die Taktung – zusammen wird aus einem Flugzeug ein zuverlässiges, global kompatibles Frachtwerkzeug.

Fakt 42

Luftbrücken in die Not – wie Hilfsgüter in Stunden statt Wochen ankommen

Humanitäre Luftbrücken überbrücken, was Straßen, Häfen oder Schienen nicht können: zerstörte Infrastruktur, abgeschnittene Regionen, akute Zeitnot. Nach Erdbeben, Überschwemmungen oder Konflikten richten Hilfsorganisationen und Staaten eine „Luftbrücke" ein – ein getakteter Pendelverkehr aus einem Logistik-Hub in die Krisenregion. Am Start stehen Güter mit klarer Priorität: Trinkwasser- und Sanitärkits, medizinische Sets, Notunterkünfte, Hochenergienahrung. Vor Ort koordiniert ein Humanitarian Air Operations Center Slots, Bodenabfertigung und Entladung; Last-Mile-Verteilung übernehmen lokale Partner, Lkw-Konvois oder Helikopter, wenn Pisten fehlen. Wo Landungen unmöglich sind, bringen Airdrops (z. B. per C-130 mit Container Delivery System) Ladung präzise in markierte Zonen.

Die Flotte ist gemischt: robuste Turboprops für kurze, beschädigte Pisten, große Frachter für Massenstrom. Standardisierte ULDs und Paletten beschleunigen das Laden, Rollfelder und „locks" im Frachtraum sichern in Minuten. Eine Luftbrücke läuft wie ein Uhrwerk: feste Turnaround-Zeiten, Crew-Rotation, Treibstoff- und Ersatzteilversorgung, Prioritätslisten, Sicherheitsbriefings. Gleichzeitig achten Teams auf „Do no harm": Lärmzeiten, Abgas- und Staubbelastung, faire Verteilung, Schutz sensibler Güter (Kühlketten, Medikamente).

ZAHLEN UND FAKTEN: C-130 transportiert je nach Variante grob 15–20 t und operiert von kurzen, unbefestigten Bahnen; C-17 bringt ~70–77 t über interkontinentale Distanzen; An-124 bewegt bis ~120 t Übermaßfracht. UNHAS (WFP) betreibt Linien für Hilfskräfte und leichte Fracht; Airdrops liefern tonnenweise Hilfsgüter ohne Landung.

ANEKDOTE: Ikone der Luftbrücken ist 1948/49 Berlin – täglich landeten im Minutentakt „Rosinenbomber" mit Kohle, Mehl und Milchpulver. Pilot Gail Halvorsen band Bonbons an Taschentücher-Fallschirme und warf sie für Kinder ab – ein kleines Symbol, das zeigte, wofür die große Logistik am Ende da ist.

Kurz: Humanitäre Luftbrücken sind fliegende Logistikketten – schnell, standardisiert, koordiniert – und oft die einzige Verbindung, wenn am Boden alles stillsteht.

Fakt 43

Feuer aus der Luft – wie „Scooper" und Tanker Brände bremsen

Löschflugzeuge arbeiten nach zwei Prinzipien: Wasser aufnehmen und abwerfen („Scooper") oder Löschmittel am Boden laden und über Brandlinien ausbringen (Tanker). Scooper wie CL-215/CL-415 setzen auf nahe Gewässer: Sie fahren mit ausgefahrenen Schöpfern über See oder große Seen, nehmen in Sekunden mehrere Tausend Liter auf, steigen wieder und werfen in flachen, präzisen Anflügen ab. Tanker – vom AT-802F über C-130/MAFFS bis zu DC-10-AirTanker – laden am Stützpunkt Wasser, Schaum oder zumeist roten Retardant (ammoniumphosphathaltig). Retardant löscht nicht direkt, sondern benetzt Vegetation und verlangsamt

Verbrennung: Er zieht Feuerlinien, an denen Bodencrews das Feuer „einrahmen".

Taktisch gibt es direkten und indirekten Einsatz. Direkt wird Wasser oder Schaum an die Flammenkante gesetzt, um Intensität zu senken („knock-down"). Indirekt legen Tanker vorauseilend Linien quer zur erwarteten Ausbreitungsrichtung, häufig an Geländekanten – Bodenkräfte schließen. Die Einsätze erfolgen in niedriger Höhe, oft in bergigem, turbulenzreichem Gelände und in Rauch; deshalb fliegt meist ein „Lead Plane/Air Attack" vorweg, markiert die Abwurfspur mit Rauch und koordiniert Staffelung, Wind und Hindernisse. Jede Sekunde zählt: kurze Turnarounds, klare Funkphrasen, strikt eingehaltene Paare aus Einflugkurs und Abwurfgeschwindigkeit.

ZAHLEN UND FAKTEN: CL-415 nimmt ~6.000 l Wasser in ~10–15 s auf einer ~1,3 km langen Bahn am Wasser auf; AT-802F ~3.000 l; C-130 MAFFS ~11.000–13.000 l Retardant; DC-10-AirTanker ~40.000–45.000 l. Typische Abwurfhöhen liegen grob bei 45–60 m AGL, abhängig von Gelände/Wind/Mittel. Schaumzusätze erhöhen die Benetzungsfähigkeit von Wasser deutlich.

ANEKDOTE: Bei großen Lagen „taktet" die Luft bruchlos: Lead-Plane setzt eine Rauchwolke, der erste Tanker zieht die Linie, Sekunden später „malen" zwei weitere parallel versetzt – unten gehen Crews genau dort rein. Von oben sieht es aus, als würde jemand mit rotem Filzstift Linien ins Gelände zeichnen.

So ergänzen sich Luft- und Bodeneinsatz: Präzise Drops aus der Luft verschaffen Zeit und Struktur – am Boden wird der Brand endgültig gebrochen.

Fakt 44

Karten aus der Luft – wie Kameras und LiDAR präzise Daten liefern

Luftbild- und Vermessungsflüge sind fliegende Sensorplattformen. Statt Passagieren tragen sie großformatige, nadir (senkrecht) gerichtete Kameras, oft ergänzt durch Schrägbild-Kameras, sowie LiDAR-Scanner (Laser). Geflogen wird in geraden, parallelen „Flight Lines“ mit definiertem Überlapp: längs z. B. ~70–80 %, quer ~50–60 %. Die hohe Überdeckung erlaubt aus vielen Einzelbildern per Photogrammetrie dichte Punktwolken, Orthofotos (geometrisch entzerrte Kartenbilder) und 3D-Modelle zu rechnen. LiDAR misst aktiv: Ein Laser sendet Pulse, die an Boden, Vegetation und Bauwerken reflektieren; aus Laufzeit und exakter Plattformlage entsteht ein präzises Höhenmodell – auch dort, wo Kameras durch Blattwerk nur wenig Boden sehen.

Damit das metrisch wird, braucht es Navigationsgenauigkeit. Präzises GNSS (PPK/RTK) und eine trägheitsgestützte Messeinheit (IMU) bestimmen Position und Lage (Roll, Nick, Gier) der Sensoren zentimetergenau. Kalibrierungen („boresight“) gleichen minimale Versätze zwischen Sensor und Flugzeugachse aus. Am Boden setzen Teams zusätzlich Passpunkte (GCPs) mit bekannten Koordinaten – sie verankern die Datensätze. Geflogen wird ruhig und konstant: feste Höhe über Grund, stabile Geschwindigkeit, kleine Querneigung – Qualität vor Tempo. Einsatzfelder reichen von Kataster und Stadtmodellen über Trassen-/Leitungsinspektionen bis Küsten- und Hochwasserschutz.

ZAHLEN UND FAKTEN: Typische Bild-Überlappungen ~80 % längs / ~60 % quer; Bodenauflösung (GSD) je nach Aufgabe von ~2–20 cm/Pixel aus einigen hundert bis wenigen tausend Metern Höhe. Moderne Topo-LiDARs senden Hunderttausende bis >1 Mio. Pulse/s und erreichen Punktdichten von >10–50 pts/m². PPK/RTK reduziert Positionsfehler in den Zentimeterbereich; Orthofotos und digitale Geländemodelle (DGM) lassen sich so georeferenziert ableiten.

ANEKDOTE: Bei einer Leitungstrassen-Befliegung "sah" das LiDAR unter die Baumkronen und erkannte frühe Böschungserosion – auf dem Foto kaum zu ahnen. Die Instandhaltung schob die Stelle nach vorn, Wochen später ersparte das eine Notmaßnahme.

Kurz: Kamera liefert Textur, LiDAR liefert Struktur – zusammen entstehen präzise Karten und Modelle, mit denen sich planerische und technische Entscheidungen sicher treffen lassen.

Fakt 45

Fliegende Intensivstation – wie Air-Ambulance-Jets Patienten verlegen

Air-Ambulance-Jets sind kleine Businessjets, die zur fliegenden Klinik umgebaut wurden. In der Druckkabine steht ein Tragensystem mit Umluftheizung/Kühlung, Sauerstoff, Vakuum (Absaugung) und medizinischem Strom (230/115 V über Inverter). Monitore zeichnen EKG, SpO_2, Blutdruck und CO_2 auf; Beatmungsgerät, Defibrillator und Spritzenpumpen machen den Jet intensivtauglich. Vieles ist modular: Für Säuglinge kommt ein Inkubator mit eigener Strom- und Gasversorgung an Bord, für Isolationsfälle ein Unterdruck-Transportzelt. Geladen wird über die Bordtreppe mit

Rolltrage oder – bei umgerüsteten Mustern – über eine größere Frachttür samt Rampe.

Die Crew ist ein eingespieltes Team: Piloten, daneben ein aeromedizinisches Duo (z. B. Notarzt/Intensivpflegerin). Geflogen wird „bed to bed“: Abholung am Krankenhaus, Übergabeprotokoll, Fahrt im Krankenwagen zum Flugzeug, Start, Landeplatz nahe Zielklinik, erneute Übergabe. Die Kabine bleibt druckbeaufschlagt; bei empfindlichen Diagnosen (frische OP, Pneumothorax, Schädelverletzung) wählen die Crews niedrigere Reiseflughöhen, damit die Kabinenhöhe gering bleibt. Tempo und Reichweite eines Jets sparen Stunden gegenüber Boden- oder Linienlösung, besonders über Grenzen hinweg, mit Zoll- und Landeerlaubnissen, die die Einsatzzentrale parallel organisiert.

ZAHLEN UND FAKTEN: Typische Plattformen sind Learjet (31/35/45), Citation (CJ/Excel), Challenger 604/605; Reichweiten grob 2.000–6.000 km non-stop, längere Distanzen mit Tankstops. Kabinenhöhen in Jets oft 6.000–8.000 ft; für Patienten wird bei Bedarf tiefer geflogen (z. B. FL200–240 → geringere Kabinenhöhe). Medizinische Ausrüstung ist über STC zugelassen (Crashsicherheit, Strom/ Sauerstoff-Integration).

ANEKDOTE: Bei einem COPD-Transport legte die Crew trotz Rückenwind bewusst eine niedrigere Reiseflughöhe fest – Ankunft wenige Minuten später, aber mit deutlich besserer Sauerstoffreserve und stabilen Werten. In der Air-Ambulance zählt nicht Blockzeit, sondern Patientenstabilität.

Fakt 46

Ins Nirgendwo und zurück – wie Buschflugzeuge mit Tundra-Reifen und Skiern landen

Buschflugzeuge sind für Off-Airport-Einsätze gebaut: Flusskiesel, Sandbänke, Schneefelder, Gletscher oder mooriger Tundra-Boden. Ihr Rezept: viel Auftrieb bei wenig Tempo (STOL-Flügel mit Slats/mehrfach geschlitzten Klappen, Wirbelgeneratoren), robuste Hochdecker-Zellen mit Spornrad fürs Propeller- und Bodenfreiheit, verstärkte Fahrwerke – und je nach Saison riesige, weich befüllte Tundra-Reifen oder Skier. Die übergroßen „Bushwheels" (teils 29–35 Zoll) laufen mit sehr geringem Druck, „schwimmen" auf weichem Untergrund und rollen über Steine, Rillen und Eisnarben, wo normale Räder einsacken oder beschädigt würden. Skier ersetzen oder überkuppeln die Räder („Wheel-Skis"), verteilen die Last auf Schnee/Eis und erlauben Starts/Landungen auf Winterpisten, zugefrorenen Seen und Gletschern.

Betrieblich zählt Technik: Soft-Field-Starts mit angehobener Nase, um Last von den Rädern zu nehmen; kurze, steile Anflüge mit viel Klappe; punktgenaues Aufsetzen am „Commitment-Point"; aggressives Bremsen (auf Rädern) bzw. sauberes Ausgleiten (auf Skiern, wo Bremsen kaum wirkt). Viele Buschplätze sind „One-Way-Strips": Gefälle, Hindernisse, Fallwinde – rein in eine Richtung, raus in die andere. Piloten checken Wind, Untergrund, Neigung, Hindernisfreiheit, Go/No-Go-Punkte und haben immer einen Plan B. Für mehr Nutzlast und Vielseitigkeit kommen Cargo-Pods, Zusatztanks und Gravel-Kits hinzu; Klassiker wie Piper Super Cub, Aviat Husky, Cessna 185/206, Maule, Helio Courier, DHC-2 Beaver oder PC-6 Porter prägen die Szene.

ZAHLEN UND FAKTEN: Tundra-Reifen bis ~35″ Durchmesser, Reifendrücke oft im einstelligen psi-Bereich; echte STOL-Bushflieger operieren – abhängig von Gewicht/Wind/Gelände – mit Start-/Landestrecken im sehr niedrigen Hunderter-Meter-Bereich, in Wettbewerben teils unter 50 m. Skibetrieb erfordert „Wheel-Skis“ oder reine Skier; auf Schnee/Eis ist Bremswirkung minimal, Weißblendung/Reliefverlust („whiteout“) ein wesentliches Risiko.

ANEKDOTE: Auf Alaskas Kiesbänken prüfen Crews die Landestelle manchmal erst im Tiefüberflug: Staubfahne zeigt Wind, die Reifen werfen bei kurzem „Küss-den-Boden“-Touch den richtigen Kies – passt die Körnung und trägt der Untergrund, setzen sie im nächsten Anflug punktgenau auf, drehen am Flusslauf und rollen bis zur Lodge.

Fakt 47

Wache über See – warum Maritime Patrouillenflugzeuge so viel „sehen“

Maritime Patrouillenflugzeuge (MPA) sind fliegende Küstenschutz- und U-Boot-Jäger. Ihr Erfolgsrezept sind Ausdauer und Sensorsuite. Turboprops wie die P-3 Orion kreisen stundenlang langsam und tief über See; modernere Jets wie die P-8 Poseidon arbeiten höher, verlegen schnell und bleiben dank effizienter Triebwerke lange „on station“. Der Auftrag reicht von U-Boot-Jagd (ASW) und Schiffsaufklärung (ASuW) bis Such- und Rettung (SAR) sowie Grenz- und Umweltüberwachung.

Die Sensorik ist ein Bündel: 360-Grad-Seeraumradar unter dem Rumpf (mit MTI/ISAR-Modi, um Ziele auch in Seegang zu erkennen und zu klassifizieren), EO/IR-Kugel für Tag/Nacht-Bild, ESM/ELINT zur Ortung von Funk/Radar, AIS-Empfänger für Schiffsdaten und – klassisch – ein MAD-Heckausleger (Magnetic Anomaly Detector) zur Messung von Anomalien im Erdmagnetfeld durch Metallrümpfe in geringer Höhe. Herzstück der U-Boot-Jagd bleiben Sonarbojen: passive/aktive Einweg-Sensoren, die aus Mustern abgeworfen werden (Linien, Kreise, Barrieren). Ihre Signale laufen über Funk in die bordeigenen Akustikprozessoren; Multistatik (mehrere Sender/Empfänger) erhöht die Trefferchance. Wird ein Ziel bestätigt, kommen Leichtgewicht-Torpedos, Wasserbomben oder Seezielflugkörper zum Einsatz; für SAR markieren Rauchfackeln und Rettungsmittel die Fundstelle.

ZAHLEN UND FAKTEN: Typische Einsatzdauern 8–12+ Stunden (mit Luftbetankung noch länger). Ein MPA trägt je nach Muster Dutzende bis über 100 Sonarbojen; Torpedos der Mk-Klasse (z. B. Mk 54) sind Standard. „Low-level“-ASW-Profile fliegen oft in 200–500 ft Höhe; Radar arbeitet mit Seazoom-Modi, um kleine Ziele (z. B. Periskope) herauszulösen. Datenlinks (z. B. Link 16/ SATCOM) binden Schiffe und Führung ein.

ANEKDOTE: Auf klassischen P-3-Missionen hieß der MAD-Bediener im Heck scherzhaft „MAD-man“. Wenn beim Tiefflug der Zeiger „nickt“ und zeitgleich die Bojenakkustik „singt“, steigt im Missionsraum der Puls – ein unsichtbares Ziel wird plötzlich „greifbar“ in Daten.

So verbinden MPA Reichweite mit einem Sensormix aus Radar, Optik, Funk- und Akustik – und machen die riesige Wasserfläche operativ „klein“.

Fakt 48

Lernen mit Netz und doppeltem Boden – warum Schulflugzeuge so verzeihend sind

Schulflugzeuge sind um das Training herum gebaut. Sie haben doppelte Steuerungen – Steuerhorn/Sidestick, Pedale, Trimmung und (wo vorhanden) Bremsen auf beiden Sitzen – damit die Lehrkraft jederzeit eingreifen kann. Die Systeme sind robust und simpel: meist festes Fahrwerk, gut sichtbare Flügel (oft Hochdecker für Boden- und Außenrum-Sicht), mechanische Klappenbetätigung oder bewährte Hydraulik, klare Instrumentierung. Die Flugcharakteristik ist bewusst gutmütig: deutliche Ankündigung des Strömungsabrisses (Buffet, Nase nickt), geringe Tendenz zum ungewollten Trudeln, stabile Längsstabilität und „ehrliches" Seitenruder, das schulen lässt, was Koordination bedeutet. So können Lernende Fehler machen – und daraus lernen – ohne dass die Maschine gleich „beißt".

Auch die Ergonomie ist didaktisch: rechte/linke Sitzposition für Instructors, verstellbare Sitze, gute Außenreferenzen für Platzrunden, großzügige Sicht nach vorn/unten. Wartung und Betrieb sind auf hohe Zyklen ausgelegt: Viele Starts/Landungen pro Stunde, robuste Reifen/Bremsen, einfach zugängliche Inspektionsklappen. Avionik reicht vom „Sechs-Uhren"-Panel bis zum Glascockpit – wichtig ist, dass alles logisch, redundant und trainierbar bleibt. So führt der Weg vom Geradeausflug über Stall-/Slip-Übungen bis zu Notverfahren mit einem Flugzeug, das Fehler verzeiht und Rückmeldungen ehrlich gibt.

ZAHLEN UND FAKTEN: Typische Stallgeschwindigkeiten kleiner Trainer ~40–50 KIAS (Clean), Anfluggeschwindigkeit meist ~60–70 KIAS (mit Klappen). Doppelsteuer und duale Bremsen sind

Standard; viele Muster sind in „Normal/Utility"-Kategorie zugelassen (bestimmte Kunstflug-/Trudelübungen teils nur in Utility/Acro-Mustern erlaubt). Feste Fahrwerke sparen Wartung und Fehlerquellen; Checklisten und POH-Verfahren sind Teil jeder Lektion.

ANEKDOTE: Ein klassischer Moment in Stunde 1: Die Lehrkraft legt die Hände sichtbar auf die Knie – „Du hast ihn." Der Schüler hält Richtung und Höhe, der Instructor korrigiert nur mit Stimme. Genau dafür ist der Trainer gebaut: Er bleibt ruhig, wenn die Hände noch zittern – und verzeiht, wenn die Landung ein bisschen „springt".

Fakt 49

Direkt statt Drehkreuz – wie Business-Jets Umsteigen sparen

Business-Jets sind Punkt-zu-Punkt-Werkzeuge. Statt über Hubs zu fliegen, verbinden sie kleinere, näher gelegene Plätze direkt – oft ohne Linienverkehr. Das spart Umsteigezeit, Sicherheits- und Boardingpuffer und bringt Teams näher an den eigentlichen Zielort. Möglich wird das durch Flugzeuge, die kurze Pisten, flexible Slots und schnelle Abfertigung nutzen: Abseits des Terminaltrubels geht's über FBOs (Fixed Base Operators) mit eigener Sicherheitskontrolle, Zoll/Immigration on demand und direkter Vorfeldzufahrt. Starten, wenn die Crew bereit ist; landen, wo der Termin stattfindet – der Zeitgewinn entsteht außerhalb der Flugphase.

Technisch sind Business-Jets genau dafür ausgelegt. Leichte und Super-Light-Jets kommen mit kurzen Bahnen klar, Midsize- und Super-Midsize-Jets verbinden Kontinente, und Long-Range-Jets schaffen interkontinentale Nonstopsegmente. Avionik (CPDLC, RNP, Oceanic-Equipage) öffnet anspruchsvollen Luftraum; einige Muster besitzen Steep-Approach-Zulassungen für Plätze mit steilen Anflügen. Kabinen sind druckkomfortabel, leise und für Arbeit an Bord optimiert. Betrieblich zählen schnelle Turnarounds, maßgeschneiderte Routen (Winde, Sperrgebiete, Direktfreigaben) und der „door-to-door"-Blick: Gesamtzeit von Haustür zu Meetingraum.

ZAHLEN UND FAKTEN: Typische Startbahnlängen (MTOW, ISA, Meereshöhe) grob: Very Light/Light Jets ~900–1.300 m, Super-Light/Midsize ~1.200–1.700 m, Long Range ~1.700–2.400 m (umgebungs- und payloadabhängig). Reichweiten: Light ~2.000–3.000 km, Super-Midsize ~5.000–7.000 km, Long Range ~10.000–13.000 km nonstop. FBO-Turnarounds oft <20–30 Minuten.

ANEKDOTE: Ein Team musste morgens von Nürnberg nach Annecy, nachmittags weiter nach Turin und abends zurück – mit Linienflügen unmöglich. Der Charter-Jet flog die drei Nonstop-Segmente auf kleineren Plätzen, die Crew arbeitete an Bord und stand pünktlich zur Videokonferenz zuhause: drei Meetings, null Umstiege, ein Arbeitstag.

Fakt 50

Spezialmissionen – wenn Flugzeuge messen, prüfen und forschen

Nicht jeder Flug bringt Passagiere oder Fracht ans Ziel: Spezialmissionen liefern Präzision und Wissen. Kalibrierflüge („Flight Inspection") prüfen Navigationshilfen und Verfahren. Ausgerüstet mit Referenz-GNSS/INS, Antennen und Messrechnern fliegen die Crews definierte Muster, vermessen ILS-Localizer und Gleitweg, testen Anflüge leicht ober- und unterhalb der Ideallinie und checken VOR/DME in Kreisen und Radialen. RNAV/RNP-Verfahren werden auf Genauigkeit, Hindernisfreiheit und „Flyability" geprüft, inklusive gebogener RF-Legs. Auch optische Systeme wie PAPI kommen dran: Stimmen Ausrichtung und Anstellwinkel, wechseln die Lichter an der richtigen Stelle von weiß zu rot.

Wetter- und Atmosphärenflüge machen Flugzeuge zu Laboren: in-situ-Sonden und Fernerkundung messen Temperatur, Feuchte, Partikel und Winde; LiDAR und Doppler-Radar erfassen Aerosole und Niederschlag. Dropsonden liefern Vertikalprofile bis zum Boden – unverzichtbar vor Stürmen und über Ozeanen. „Hurricane Hunters" durchqueren Augen in niedriger bis mittlerer Höhe, Höhenjets umrunden Systeme in der Tropopause.

ZAHLEN UND FAKTEN: ILS-Localizer 108–112 MHz, Gleitweg 329–335 MHz; PAPI meist auf ~3,0°; Plattformen vom Turboprop (10–20.000 ft) bis zum High-Altitude-Jet (≈40–50.000 ft). Anekdote: Nach millimetergenauem PAPI-Check reichte am Boden eine winzige Justage – der Abendanflug saß exakt. So bleibt die Infrastruktur präzise, und Vorhersagen werden besser.

ANEKDOTE: Bei einer PAPI-Prüfung flog die Crew den Anflug zwanzigmal millimetergenau – jedes Mal markierte das Messsystem die „Rot-Weiß-Kante". Unten drehte der Techniker an der Justierschraube um Bruchteile eines Grades. Ein letzter Überflug: perfekte Umschaltlinie. Am selben Abend setzte ein Linienjet genau dort auf – und niemand merkte, dass tagsüber die „unsichtbare Leiter" neu ausgerichtet worden war.

KAPITEL 6

Flugzeuge weltweit

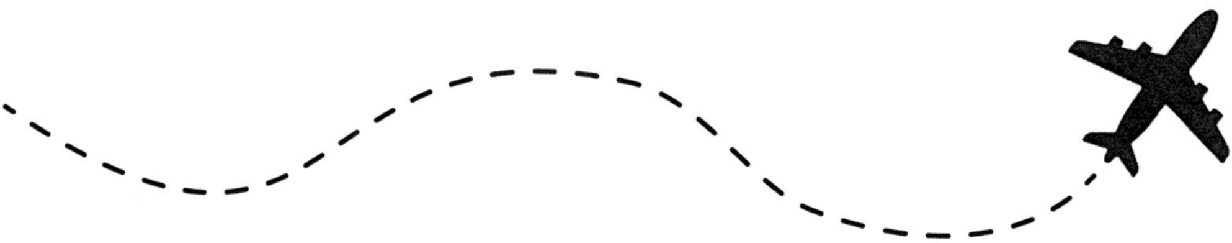

Fakt 51

Knoten oder Direkt – wie Netzwerke wirklich funktionieren

Hub-and-Spoke bündelt Verkehr über Drehkreuze: Ankünfte treffen in „Wellen" ein, Umsteiger verteilen sich auf viele Ziele, große Flieger füllen sich, Randstädte bleiben angebunden. Nachteil: Umwege, Wartezeiten, Störungsanfälligkeit – Verspätungen pflanzen sich durchs System fort. Point-to-Point fliegt dort, wo die Nachfrage stark genug ist, direkt von A nach B. Ergebnis: kürzere Reisezeiten, weniger Risiko beim Umstieg, dafür oft geringere Frequenz und kleinere Flugzeuge.

ZAHLEN UND FAKTEN: In einem vollständigen Direktnetz braucht man für n Städte $n(n-1)/2$ Verbindungen; mit einem Hub genügen n Strecken zum Knoten (bzw. 2n gerichtet) – enorme Komplexitätsersparnis. Typische Minimum Connect Times: 35–60 Minuten (domestic), 45–90 Minuten (international). Hub-Wellen liegen oft 1–3 Stunden auseinander. Ein Nonstop spart je nach Geografie häufig 10–30 % Strecke/Zeit gegenüber dem Umweg via Hub.

ANEKDOTE: Auf der Strecke Bremen–Barcelona brauchte man früher via Frankfurt gut 4:10 Stunden Blockzeit plus Wechsel des Terminals. Als ein Direktflug kam, sank die Blockzeit auf ~2:35 Stunden; selbst mit seltenerer Frequenz gewann die Crew regelmäßig über 60–90 Minuten „Tür-zu-Tür“ – der beste Beweis, dass beide Modelle ihren Platz haben.

Fakt 52

Dünne Luft kostet Bahn – Dichtehöhe frisst Leistung

Hohe Plätze und Hitze machen Luft „dünn“. Mit steigender Dichtehöhe (Density Altitude, DA) sinken Auftrieb und Triebwerks-/Propellerleistung; für denselben Auftrieb braucht der Flieger mehr wahre Geschwindigkeit – die Rollstrecke wächst, die Steigrate fällt. DA ist die Druckhöhe, korrigiert um Temperatur: heißer als Standard = höhere DA. Ergebnis: Starts dauern länger, Hindernisse „rücken näher“, und Nutzlast muss oft runter.

ZAHLEN UND FAKTEN: ISA-Meereshöhe 15 °C. Faustformel: DA ≈ Druckhöhe + 120 ft × (OAT − ISA-Temp). Grobe Praxiswerte (Leichtflugzeuge): +10–15 % Startstrecke je 1.000 ft DA, −8–12 % Steigleistung je 1.000 ft. Beispiel: Platzhöhe 5.400 ft, OAT 30 °C (≈ 25 °C über ISA vor Ort) → DA ~8.500–9.000 ft. Folge: deutlich längere Rollstrecke, flacherer Anfangssteigflug. Jets kompensieren teils mit voller Schubeinstellung statt Derate; oft bleiben trotzdem Payload- oder Temperaturlimits.

ANEKDOTE: Ein Charterteam in der Wüste verlegte den Abflug auf 06:00 Uhr. Mittags hätte die Bahn bei 40 °C nicht gereicht – entweder Sitzplätze streichen oder warten. Frühmorgens, bei kühlerer Luft und niedrigerer DA, hob derselbe Jet mit voller Zuladung problemlos ab.

Fakt 53

Über den Pol auf kürzerem Weg – warum Polar-Routen Zeit und Sprit sparen

Auf einer Kugel ist die Großkreisroute die kürzeste Verbindung zweier Orte. Viele Langstrecken zwischen Nordamerika, Europa und Asien verlaufen deshalb in hohen Breiten oder nahe über den Pol – weniger Streckenmeilen, oft auch günstigere Winde. Ergebnis: kürzere Blockzeiten und niedrigerer Verbrauch. Zusätzlich vermeidet man Umwege um gesperrte Lufträume oder Gebirge; die Polarkorridore sind dafür gemacht, Verkehrsströme effizient zu bündeln.

ZAHLEN UND FAKTEN: Gegenüber südlicheren Rhumbline-/„Rechteck"-Routen spart die Großkreisführung je nach City-Paar typischerweise einige Prozent Strecke (großordnungsmäßig 1–7 %) – das bedeutet oft 30–90 Minuten Zeitgewinn und rund 1–5 % weniger Treibstoff. Polar-OPS erfordern besondere Verfahren: ETOPS/EDTO-Freigaben (z. B. 180–330 Min) für Zweistrahler, SATCOM/CPDLC für Kommunikation außerhalb Radarreichweite, True-Heading-Navigation bei magnetischer Unzuverlässigkeit, striktes Kältemanagement (Fuel-Temp-Monitoring; Jet A-1 Gefrierpunkt ca. −47 °C) sowie Ausweichplanung über Alaska/Kanada/Grönland/Nordasien.

ANEKDOTE: Eine Crew stand vor kräftigen Westwinden auf der klassischen Transpazifik-Route. Die Dispatch rechnete eine Polar-Variante: kürzere Tracklänge und schwächere Gegenwinde. Ergebnis im Flugplan: ETA 42 Minuten früher, Treibstoffreserve spürbar höher – am Gate gab's den seltenen Luxus, dass der Bus noch nicht bereit war.

Fakt 54

Luftlinie fürs Land – wie Commuter-Flüge Grundmobilität sichern

In dünn besiedelten Regionen schließen Pendelflüge die Lücke zwischen Straße, Fähre und „gar nicht". Kleine Turboprops verbinden Inseln, Fjorde, Wüstenstädte oder Bergtäler mit dem nächstgrößeren Zentrum: Arzt, Schule, Verwaltung, Umstieg in den Fernverkehr. Geflogen wird kurz und häufig, oft als „Tagestour": hin am Morgen, zurück am Nachmittag. Die Flugzeuge sind robust, STOL-tauglich und kommen mit kurzen Pisten klar; die Infrastruktur am Boden ist schlank, Turnarounds sind schnell. Wirtschaftlich trägt das Modell oft nur mit Anschub: öffentliche Ausschreibungen (PSO in Europa, EAS in den USA) sichern Mindestfrequenzen und Preise – Mobilität als Daseinsvorsorge.

ZAHLEN UND FAKTEN: Typische Commuter-Typen 9–50 Sitze (z. B. Cessna Caravan, PC-12, BN-2 Islander, DHC-6 Twin Otter, Beech 1900, ATR 42). Startbahnen teils 600–1200 m, auch Gras/Schotter. Blockzeiten häufig 15–45 Minuten, 1–4 Umläufe pro Tag und Richtung. Subventionierte Linien garantieren z. B. werktägliche Verbindungen, feste Kontingentpreise und ganzjährige Bedienung trotz saisonaler Nachfrage.

ANEKDOTE: Auf einer Inselroute ersetzten zwei tägliche 20-Minuten-Flüge die winterlich unzuverlässige Fährverbindung. Für die Gemeinde hieß das: Der Dialyse-Patient kam pünktlich ins Klinikum, Schüler erreichten Prüfungen trotz Sturm, und Handwerker konnten Aufträge an einem Tag erledigen – plötzlich lag das „Festland“ nicht mehr Stunden, sondern Minuten entfernt.

Fakt 55

Donnergürtel umfliegen – Radar macht den Weg frei

In Monsun- und Gewittergürteln ist „durch“ keine Option, nur „drumherum“. Konvektive Zellen bergen Hagel, Vereisung, starke Auf-/Abwinde und Microbursts; sie wachsen schnell und reichen oft weit über Reiseflughöhen hinaus. Taktik: strategisch mit Dispatch, Satellitenbildern und SIGMETs planen, taktisch im Cockpit mit Bordwetterradar Lücken suchen. Crews arbeiten mit Tilt/Gain, um Niederschlag in der eigenen Flughöhe zu „schneiden“, Schattierungen zu deuten und Abschattung (attenuation) zu erkennen. Linien („squall lines“) werden seitlich umflogen; unter Ambossen lauert abdriftender Hagel, also mit großzügigem Abstand leewärts vorbei. Turbulenzsensorik moderner Radare markiert zusätzlich Scherung und Graupelkerne. Ergebnis: Umwege statt Risiko – ein paar Minuten mehr, dafür ein ruhiger, sicherer Flug.

ZAHLEN UND FAKTEN: CB-Tops im Tropengürtel häufig FL450–FL600 (≈ 14–18 km). Daumenregeln: mindestens 20 NM seitlicher Abstand zu reifen Zellen, leewärts unter dem Amboss 20–40 NM wegen Hagelrisiko. X-Band-Radare (~9–10 GHz) zeigen

Niederschlagsreflexionen; Blitz-/Sferics-Sensoren ergänzen Reichweite. Vertikale Auf-/Abwinde in starken Zellen >20–30 m/s; Microbursts gefährden Start/Landung – Anflüge werden dann abgebrochen.

ANEKDOTE: Auf einer Nachtetappe in die Tropen schloss sich vor der Nase die letzte Lücke einer Squall Line. Die Crew kippte den Tilt leicht nach unten, sah den „Grünstreifen“ am Rand und bat um 25 NM Rechtsdev. Ankunft +8 Minuten – Kabine ruhig, kein „Seatbelt-Ballett“. Genau so soll Wettervermeidung aussehen.

Fakt 56

Ein Netz für Europa – wie EUROCONTROL den Verkehrsfluss ordnet

EUROCONTROL koordiniert als Network Manager (NM) den europäischen Luftraumfluss über Staats- und ANSP-Grenzen. Im NM Operations Centre (Brüssel, 24/7) laufen Flugpläne, Wetter, Militärsperrungen und Sektorlasten zusammen. Wird ein Bereich überlastet, setzt der NM „Regulations“ (ATFM-Maßnahmen): Flüge bekommen eine CTOT (Calculated Take-Off Time), damit die Ankünfte/Überflüge genau dosiert sind. Alternativen sind Level Capping, Miles-in-Trail oder empfohlene Reroutings. Airlines und Flugsicherungen arbeiten über FMPs (Flow Management Positions) und das NOP-Portal zusammen; das RAD (Route Availability Document) gibt täglich vor, welche Strecken/Levels nutzbar sind.

ZAHLEN UND FAKTEN: EUROCONTROL hat 41 Mitgliedstaaten; CTOT-Compliance-Fenster typischerweise −5/+10 Minuten. Network-Effekte senken Sekundärverspätungen, weil eine geregelte Minute am Start oft mehrere Minuten Stau im En-route-Sektor vermeidet. Der NM veröffentlicht strategische (Jahres/Saison), prä-taktische (D-1) und taktische (Tages)-Planungen mit Kapazitäten, militärischen Aktivierungen und Wetterlage.

ANEKDOTE: Eine Crew erhielt wegen Gewitter-Sektorbeschränkung +35 Minuten CTOT. Die Dispatch prüfte das RAD, fand eine entlastete Nordroute und reichte eine Reroute ein. Der NM hob die Regulation für diesen Flug auf: neue CTOT −5/+10, Pushback 28 Minuten früher. Am Ziel war die Maschine trotz Wetter „on time“ – gutes Flow-Management spart echte Blockzeit.

Fakt 57

Weltweit ein Regelwerk – ICAO gibt den Rahmen, EASA/FAA machen ihn bindend

Die ICAO legt mit dem Chicagoer Abkommen globale Standards und empfohlene Verfahren fest (SARPs). Diese stehen in 19 Anhängen sowie ergänzenden Handbüchern/PANS (z. B. Doc 4444 für ATS, Doc 8168 für Flugverfahren). SARPs wirken nicht direkt wie Gesetze: Jeder Staat überführt sie in nationales Recht und meldet Abweichungen („differences“) – im AIP, Abschnitt GEN 1.7. In Europa setzt EASA viele ICAO-Vorgaben als EU-Recht um (z. B. Air OPS, Part-145/66, CS-25); in den USA regelt die FAA in 14 CFR („FARs“) und flankiert mit Orders/Advisory Circulars. Ergebnis: weltweit kompatible Luftfahrt – mit klar dokumentierten, seltenen Unterschieden.

ZAHLEN UND FAKTEN: 193 ICAO-Mitgliedstaaten; 19 Annexes (u. a. Annex 2 Regeln der Luft, Annex 6 Betrieb, Annex 14 Flugplätze, Annex 19 Safety Management). Beispiele nationaler Umsetzung: EU-VO 965/2012 (Air OPS), FAA 14 CFR Part 121/135 (Betrieb). Staatliche Abweichungen werden im AIP GEN 1.7 veröffentlicht; regional ergänzen Doc 7030-Verfahren. Global umgesetzte ICAO-Initiativen wie RVSM reduzierten die vertikale Staffelung zwischen FL290–410 von 2.000 ft auf 1.000 ft – mehr Kapazität, weniger Verbrauch.

ANEKDOTE: Erste USA-Rotation einer europäischen Crew – alles vertraut, bis zur ATIS: „Altimeter two niner niner two." Die FAA nutzt inHg statt hPa. Kein Problem: Der Unterschied steht als „state difference" im AIP, steht im Handbuch – und die Verfahren bleiben trotzdem weltweit kompatibel.

Fakt 58

Ein Druck, zwei Einheiten – QNH in hPa, in den USA inHg

QNH ist die Altimeter-Einstellung, bei der der Höhenmesser am Boden die Platzhöhe zeigt. International wird der Druck meist in Hektopascal (hPa) übermittelt („QNH one zero one six"). In den USA (und einigen weiteren Staaten) geben ATIS/ATC den Wert in Zoll Quecksilbersäule (inHg) aus („Altimeter two niner niner two"). Wer Grenzen überfliegt, muss umrechnen oder das Instrument auf die richtige Einheit umschalten – sonst stimmt die Höhe nicht zur veröffentlichten Platzhöhe, und vertikale Staffelung wird riskant.

ZAHLEN UND FAKTEN: Standardatmosphäre auf Meereshöhe: 1013,25 hPa = 29.92 inHg. Umrechnung: 1 inHg ≈ 33,864 hPa; 1 hPa ≈ 0,02953 inHg. Beispiele: 1016 hPa ≈ 30.00 inHg; 1000 hPa ≈ 29.53 inHg. „Standard"-Einstellung für Flight Levels: 1013 hPa bzw. 29.92 inHg. Readbacks unterscheiden sich: „QNH 1018" vs. „Altimeter two niner eight five".

ANEKDOTE: Eine Europa-Crew rollte in Boston los – ATIS „Altimeter three zero zero eight". Im Cockpit stand noch hPa. Beim Crosscheck passte die angezeigte Platzhöhe nicht. Ein kurzer Blick, Schalter auf inHg, 30.08 gesetzt – plötzlich stimmten Feldhöhe und Anflugminima wieder. Kleine Einheit, großer Unterschied.

Fakt 59

Leiser starten – wie NADP und Routen Anwohner schützen

Lärmschutz beim Abflug hat zwei Hebel: das Steigprofil (NADP) und die seitliche Führung (Abflugrouten). Bei Noise Abatement Departure Procedure 1 (NADP 1) bleibt das Flugzeug nahe dem Platz länger langsam und mit mehr Steigwinkel: Schubreduktion typ. bei 800–1.000 ft AFE, dann V2+10…20 halten und erst höher (oft 3.000 ft AFE) beschleunigen und Klappen einfahren – so sinkt der Lärm in Platznähe. NADP 2 verlegt die Entlastung weiter nach außen: Schubreduktion ebenfalls früh, aber Beschleunigung/Klappeneinzug schon ab ~1.000–1.500 ft AFE, damit die Lautstärke in größerer Entfernung abnimmt. Zusätzlich führen RNAV-1/SID-Routen Flugzeuge präzise an Siedlungen vorbei; gebogene RNP-Segmente umfliegen „Hotspots". Viele Plätze kombinieren das mit reduzierter Startleistung (Flex/Derate), Bahnpräferenz und Nachtregeln.

ZAHLEN UND FAKTEN: Typische Werte (platzspezifisch publiziert): Thrust Reduction 800–1.500 ft AFE; Acceleration Altitude NADP 1 oft ~3.000 ft, NADP 2 ~1.000–1.500 ft. RNAV-1 Spurtreue ±1 NM, RNP AR noch enger. Ziel: kürzere Lärmkonturen, weniger Pegelspitzen – ohne Safety-Trade-off; Crews fliegen nur platzveröffentlichte Profile.

ANEKDOTE: Früher Morgen, dichter Nebel, sensible Wohngebiete unter der Bahnverlängerung. Der Tower gibt „NADP one in effect". Die Crew hält V2+15 bis 3.000 ft, dreht erst dann auf Kurs und beschleunigt. Auf den Lärmmessstellen am Zaun zeigt die Kurve später: spürbar flacherer Peak – Start geglückt, Nachbarschaft geschont.

Fakt 60

Berge erzwingen Mindesthöhen – Driftdown schafft Abstand

Über hohem Gelände zählt jeder Fuß. Airways und Verfahren geben Mindesthöhen vor, die Hindernisfreiheit sichern; fällt ein Triebwerk aus, hält der Jet die Reiseflughöhe oft nicht mehr. Dann greift das Driftdown-Profil: Schub auf MCT, Geschwindigkeit auf Best-Gleit/„Green Dot", sauber konfiguriert sinken und entlang einer vorgeplanten Engine-Out-Route auf die einmotorige „EO-Ceiling" abgleiten – immer oberhalb der Terrain-Mindesthöhe. Dispatch und Besatzung briefen diese Korridore vor Abflug; sie entscheiden auch, ob eine Route durch Hochgebirge überhaupt zulässig ist.

ZAHLEN UND FAKTEN: Minimum Sector Altitude (MSA) bietet i. d. R. 1.000 ft Hindernisfreiheit im 25-NM-Radius, in ausgewiesenen Gebirgsregionen 2.000 ft. MEA/MEA RNAV auf Airways sichern Navigation + Obstacle Clearance. Startleistung: 2-motorig mind. 2,4 % Steiggradient im „Second Segment" (Klappen-Startkonfig), damit Hindernisse nach dem Abheben überklettert werden; Engine-Out-SIDs veröffentlichen dafür Kurse/Höhen. Driftdown führt auf eine EO-Ceiling (z. B. von FL390 auf FL210–240), die über MORA/MSA/MEA liegen muss; sonst Ausweichroute oder Diversion.

ANEKDOTE: Auf einer Asien-Europa-Etappe meldete ein Triebwerk Fehlwerte, noch vor dem Himalaya-Kamm. Die Crew forderte den vorgeplanten EO-Turn, ging in Driftdown auf „Green Dot" und stabilisierte bei FL220 – 2.000 ft über der sektoralen Mindesthöhe. Ergebnis: ruhig, strukturiert, plenty of margin, sichere Landung am Ausweichplatz.

KAPITEL 7

Fun Facts und Kuriositäten

Fakt 61

Streifen am Himmel – wie aus Abgas Eisfahnen werden

Kondensstreifen („Contrails“) entstehen, wenn Wasserdampf aus dem Triebwerksabgas sich mit sehr kalter, feuchter Höhenluft mischt. Unmittelbar hinter dem Triebwerk kondensiert Wasser zu Tröpfchen und gefriert binnen Millisekunden zu Eiskristallen – sichtbar als weiße Linie. Ob ein Streifen kurz bleibt oder stundenlang steht, hängt von der Umgebung ab: Ist die Luft eisgesättigt oder übersättigt, wachsen die Kristalle weiter und der Streifen bleibt/pflanzt sich als Zirrus fort; ist sie trocken, sublimieren die Kristalle rasch und der Streifen löst sich auf. Zusätzlich gibt es „aerodynamische“ Kondensstreifen an Flügeln/Spitzen, wenn lokale Druckabfälle die Luft abkühlen und Feuchte sichtbar machen – meist kurzlebig beim Steig- oder Kurvenflug.

ZAHLEN UND FAKTEN: Typische Entstehung in Reiseflughöhe ~8–12 km bei Temperaturen um ⩽ −40 °C (Schmidt-Appleman-Kriterium). Persistente Contrails können zu Aviation-induced Cirrus (AIC) ausufern und großflächige Schleier bilden; kurzlebige Contrails verschwinden in Sekunden bis Minuten. Aerodynamische Streifen treten auch nahe Nullgrad auf, sobald die lokale Sättigung erreicht wird.

ANEKDOTE: Nach einer Kaltfront flog eine Crew in sehr feuchte Tropopausenluft: Hinter dem Jet blieb ein „Schachbrett" stehen – Kreuzungen mit anderen Contrails verschmolzen zu einem breiten Zirrusfeld. Am Boden meldeten Spotter später „milchigen Himmel" – klassischer AIC-Tag.

Fakt 62

Blitz? Eher Routine – die Zelle wirkt wie ein Faradayscher Käfig

Verkehrsflugzeuge werden regelmäßig vom Blitz getroffen – im Schnitt etwa einmal pro Jahr pro Jet. Gefährlich ist das selten, denn die leitfähige Außenhaut führt den Strom außen herum ab. Typischer Ablauf: Anströmkanten (Nase, Flügelspitzen, Leitwerkskanten) bieten dem Blitz einen Eintritt, der Strom fließt über die Oberfläche und verlässt die Zelle an einer anderen Kante. Innen bleiben Passagiere und Systeme geschützt: Bonding-Brücken gleichen Potenziale zwischen Bauteilen aus, Blitzschutz für Treibstofftanks verhindert Funkenbildung, Elektrik/Avionik besitzen Überspannungs- und EMV-Schutz. Bei Verbundwerkstoffflächen (CFK) sorgen eingearbeitete Metallgewebe/Blitzableitbänder für Leitfähigkeit; am Radom lenken „diverter strips" die Energie um, statische Entlader („static wicks") bauen Restladungen ab.

Zahlen & Fakten: Häufigste Zone ist der Wolkenbereich um die Nullgradgrenze (etwa −10 bis +5 °C) im Steig- und Sinkflug. Typische Folgen sind kleine Ein-/Austrittsmarken (Ruß, Pinholes) an Nase, Flügel- oder Leitwerkskanten; nach jedem Verdachtsfall erfolgt eine Inspektion per Wartungshandbuch (Eingangs-/Ausgangsstellen, Radom, Bondings, Treibstofftanks, Antennen).

Anekdote: Eine Crew meldete im Steigflug einen hellen Blitz und einen lauten „Knall" – die Instrumente blieben stabil, der Flug ging normal weiter. Am Gate fand die Technik eine rußige Stelle am Radom und eine kleine Austrittsmarke am Höhenleitwerk. Reinigung, Bonding-Check – fertig. Genau so soll Blitzschutz wirken.

Fakt 63

Kein „Ablassen" – Bordtoiletten sammeln, der „Honey Truck" entsorgt

Moderne Flugzeugtoiletten sind Vakuumsysteme. Nach dem Spülen wird der Inhalt mit wenig Wasser und Unterdruck durch Leitungen in geschlossene Abwassertanks gesaugt. Dort bleibt alles bis zur Landung – es gibt keinen Schalter fürs „ablassen". Am Gate dockt ein Servicefahrzeug an eine verriegelte Außenschraubkupplung, pumpt die Tanks ab und spült die Leitungen; parallel wird Frischwasser separat befüllt. Die Tanks sind mit Füllstandssensoren, Rückschlagventilen und doppelten Verschlüssen gesichert, die Leitungen chemisch desinfiziert. Das früher legendäre „blaue Zeug" stammt aus älteren, zirkulierenden Systemen; heutige Vakuumtoiletten arbeiten mit deutlich weniger Flüssigkeit und Geruchsstoppmitteln. „Blue Ice"–Funde am Boden sind kein Abwurf, sondern extrem seltene Leckagen, bei denen Flüssigkeit an einem Drainmast austritt, in großer Höhe gefriert und unterwegs abbricht.

Zahlen & Fakten: Vakuumspülungen brauchen nur wenige Hundert Milliliter pro Spülgang; Tanks werden am Boden über eine geschlossene Kupplung entleert. Illegales Ablassen wäre ein massiver Verstoß – Systeme sind technisch dagegen verriegelt.

Anekdote: Ramp-Teams nennen das Entsorgungsfahrzeug „Honey Truck“. Wenn es am Rumpf andockt, hört man innen manchmal ein kurzes Gluckern – das ist der Moment, in dem der Tank am Boden leer wird, nicht in der Luft.

Fakt 64

Warum Kaffee an Bord „anders“ schmeckt – Druck, Trockenheit, Extraktion

In der Kabine ändern sich die Sinnesbedingungen. Bei typischer Kabinenhöhe von ~6.000–8.000 ft sinkt der Luftdruck, die relative Luftfeuchte liegt oft unter 20 %. Das dämpft den Geruchs- und Geschmackssinn: Studien zeigten, dass Süß- und Salzempfinden unter Kabinenbedingungen deutlich nachlassen (teils um ≈20–30 %). Parallel kocht Wasser nicht bei 100 °C, sondern je nach Kabinenhöhe grob bei 90–93 °C – die Extraktion wird „flacher“. Ergebnis: Bordkaffee wirkt dünner, bitterer in der Spitze, mit weniger Süße/Body.

ZAHLEN & FAKTEN: Kabinenhöhe meist 1.800–2.400 m; relative Feuchte häufig <20 %. Siedepunkt bei ~2.400 m ≈ 92 °C. Geringere Siedetemperatur + trockene Luft → weniger Aromawahrnehmung und unvollständige Extraktion. Airlines kompensieren mit stärkerem Mahlgrad-Profil, höherer Dosierung oder dunkleren Röstungen; Galley-Heizer liefern konstante, aber eben niedrigere Brühtemperaturen.

ANEKDOTE: Eine Airline testete am Boden und im Flug denselben Kaffee. Am Boden „perfekt ausgewogen", in der Luft „zu dünn". Lösung im Bordhandbuch: Mahlgrad minimal feiner, Dosis +10 %, Durchlauf etwas kürzer. Seitdem schmeckt die Tasse an 38.000 ft näher am „Café-Erlebnis" – trotz dünner Luft und niedrigerem Siedepunkt.

Fakt 65

Aschenbecher trotz Rauchverbot – Brandschutz für den Worst Case

Auch wenn an Bord strikt nicht geraucht werden darf, sind Aschenbecher vorgeschrieben. Der Grund ist simpel: Falls jemand trotz Verbot eine Zigarette anzündet, braucht die Crew einen sicheren Platz, um die Glut sofort zu entsorgen – statt dass sie im Papierkorb oder auf dem Teppich landet. Deshalb sitzen kleine Aschenbecher außen (und oft innen) an jeder Lavatory-Tür und teils in der Kabine nahe bestimmter Türen. Sie sind Teil eines ganzen Brandschutzpakets mit Rauchmeldern und selbsttätigen Feuerlöschern im Waschraum-Abfallbehälter. So wird ein Regelverstoß nicht zum Kabinenbrand.

ZAHLEN UND FAKTEN: Vorschriften verlangen mindestens einen Aschenbecher an/bei jeder Toilettentür; Lavatorys müssen Rauchmelder und einen automatischen Feuerlöscher im Waste Bin haben. Rauchen ist verboten (Hinweise/Leuchtzeichen), Verstöße führen zu Meldung und teils empfindlichen Bußgeldern. Aschenbecher sind funktionsfähig zu halten – fehlt einer, ist die Toilette bis zur Reparatur zu sperren.

ANEKDOTE: Auf einem Mittelstreckenflug roch die Crew kurz Tabak im Waschraum. Die Purserin ließ den Passagier raus, drehte die noch glimmende Zigarette in den Tür-Aschenbecher, prüfte den Bin-Extinguisher und meldete den Vorfall. Am Gate wartete die Polizei – der Flieger ging pünktlich weiter. Genau dafür existiert der kleine Metallbecher.

Fakt 66

Warum Flugzeugfenster rund sind – weniger Spannung, mehr Lebensdauer

Kabinen werden bei jedem Flug druckbeaufschlagt. Diese Druckwechsel belasten die Rumpfhaut zyklisch – an scharfen Ecken konzentriert sich Spannung, dort beginnen Risse. Genau das passierte in den 1950ern: Die Comet-Unfälle zeigten, wie gefährlich eckige Öffnungen in einer druckfesten Zelle sind. Die Antwort war konsequent: ovale bzw. stark gerundete Fensteröffnungen mit großem Eckenradius. Runde Formen verteilen Last gleichmäßiger, der „Kerbeffekt" sinkt deutlich, Ermüdungsrisse starten seltener und wachsen langsamer. Darum sind heute alle Passagierfenster rund oder „rounded rectangle".

ZAHLEN UND FAKTEN: Kabinendifferenzdruck liegt typischerweise bei ~7–9 psi; jedes Start-/Landepaar ist ein Ermüdungszyklus. Große Radien reduzieren den Spannungskonzentrationsfaktor gegenüber scharfen Ecken drastisch; um die Öffnung liegen verstärkende Spanten/„Doublers". Fenster bestehen aus mehreren Scheiben: außen die tragende Druckscheibe, innen eine Schutzscheibe; das kleine Loch („Breather/Vent") im inneren Paneel gleicht Druck aus, damit die Last auf der Außenscheibe bleibt.

Fail-safe-Design sorgt dafür, dass ein lokaler Schaden nicht zum Versagen der Zelle führt.

ANEKDOTE: Bei Werksführungen lassen Ingenieure gern eine Lampe schräg über ein Rumpfsegment leuchten: Man sieht den „Fenstergürtel" aus Verstärkungen rund um jede Öffnung – ein stiller Hinweis darauf, dass die Form kein Design-Gag ist, sondern Lebensversicherung für Millionen Druckzyklen.

Fakt 67

Hochdruck auf Gummi – warum Flugzeugreifen so viel aushalten

Airliner-Reifen sind kleine Hochdruckbehälter auf Rädern. Sie werden mit trockenem Stickstoff befüllt, typischerweise mit 12–16 bar (≈170–230 psi) – deutlich mehr als beim Auto. Beim Aufsetzen gehen sie in Millisekunden von 0 auf die Rollgeschwindigkeit (oft 130–160 kt), die Lauffläche schmiert kurz und qualmt: das bekannte „Puff". Die Karkasse aus mehreren Lagen (Nylon/Aramid) ist für harte Vertikal- und Seitenlasten ausgelegt, die Lauffläche wird regelmäßig runderneuert (mehrere Retreads pro Karkasse). Damit Überhitzung nicht zur Explosion führt, besitzen die Felgen Schmelzsicherungen („fusible plugs"); schießt die Bremsentemperatur nach Rejected Takeoff oder langer Landung hoch, schmelzen die Einsätze und lassen den Reifen kontrolliert drucklos werden.

Die hohen Drücke und Mehrfachbereifung verteilen enorme Lasten; große Jets tragen pro Hauptfahrwerksrad viele Tonnen. Bremsenergie übernehmen kohlefaserverstärkte Scheibenbremsen, der Reifen übersteht dabei Lastwechsel, Spurrillen, Querkräfte und FOD. Nach jedem „Verdachtsereignis" (harte Landung,

Reifendruckwarnung, FOD-Treffer) gibt's strikte Wartungschecks: Druck, Schnittverletzungen, Felge, Ventile, Sicherungen.

ZAHLEN UND FAKTEN: Fülldruck meist 12–16 bar; Touchdown 130–160 kt; felgenseitige Schmelzstopfen lösen bei heißem Rad (≈180 °C) aus; große Reifen sind für Geschwindigkeiten >300 km/h zertifiziert und werden mehrfach runderneuert.

ANEKDOTE: Nach einem abgebrochenen Start blieb ein Jet auf der Bahn stehen – Minuten später zischte es hörbar: Die Schmelzstopfen gaben nach, der Druck entwich kontrolliert. Feuerwehr blieb gelassen: genau so soll's passieren.

Fakt 68

Turbulenzen – unangenehm, selten strukturell gefährlich

Turbulenzen sind Luftunruhe, keine „Löcher". Es gibt konvektive (Gewitter), mechanische (Leewellen/Berg), und Clear-Air-Turbulenzen (CAT) nahe Jetstreams – letztere oft ohne Wolke/Radarziel. Für die Struktur sind sie eingeplant: Verkehrsflugzeuge werden nach CS/FAR-25 auf definierte Böenlasten ausgelegt; die Zelle muss alle „Limit Loads" tragen und zusätzlich 1,5-fach als „Ultimate Load" aushalten. Deshalb bleibt das Flugzeug selbst bei „starken" Schüttlern im zulässigen Bereich – die Crew reduziert Tempo auf die Turbulenzgeschwindigkeit (Va/Mach Turb), damit Lastspitzen gedämpft werden.

Gefährlich sind Turbulenzen vor allem für ungesicherte Menschen und Gegenstände. Wetterradar zeigt Niederschlag, aber nicht jede CAT; vermieden wird mit SIGMETs, Wind-/Jetstreamdaten und

PIREPs. Wenn es ruckelt, gilt: Sitzgurt schließen, lose Dinge verstauen, Crew-Anweisungen folgen.

ZAHLEN UND FAKTEN: Struktur-Sicherheitsfaktor 1,5 auf alle Auslegelasten; „severe turbulence" bedeutet kurzzeitig unkontrollierte Höhen-/Kursabweichungen, nicht Strukturschaden. Verletzungen betreffen überwiegend unangeschnallte Passagiere/Crews; deshalb „Sitzgurt, wann immer du sitzt" – auch bei ausgeschaltetem Zeichen. Turbulenzgeschwindigkeit liegt je nach Muster/gewichtsspezifisch unterhalb der Manövergeschwindigkeit.

ANEKDOTE: Auf einer Atlantiknacht kam unerwartete CAT. Die Piloten gingen auf Turbulenz-Mach, Licht an, Service gestoppt. Angeschnallte Gäste fühlten „starkes Rumpeln" – die Crew sammelte danach nur zwei umgefallene Becher ein. Genau dafür ist der Gurt da: Kleine Unannehmlichkeit statt echte Gefahr.

Fakt 69

Gebaute Elastizität – warum Flügel sich sichtbar biegen dürfen

Tragflächen tragen Last wie ein schlanker Federbalken: Auftrieb zieht sie nach oben, Gewicht (v. a. Treibstoff) nach unten, am Flügelwurzel entsteht ein großes Biegemoment. Diese Elastizität ist eingeplant und erwünscht: Ein „mitarbeitender" Flügel verteilt Lastspitzen, dämpft Böen und senkt Spitzenkräfte am Rumpfanschluss. Moderne Holme aus Aluminium oder CFK arbeiten wie Federn, nicht wie starre Bretter. Deshalb sieht man im Steig- und Reiseflug eine deutliche Tip-Anhebung gegenüber dem Bodenstand – bei großen Jets im Meterbereich. In Turbulenz „arbeitet" der Flügel sichtbar, während die Struktur innerhalb ihrer Auslegungsgrenzen bleibt. Composite-Flügel (z. B. 787/A350) dürfen konstruktiv sogar mehr elastisch durchbiegen, ohne zu ermüden; das Design nutzt Faserorientierungen gezielt für Biegung/Torsion.

ZAHLEN UND FAKTEN: Verkehrsflugzeuge der CS/FAR-25-Klasse müssen alle „Limit Loads“ tragen und zusätzlich 1,5-fach („Ultimate Load“) im statischen Bodentest überstehen. Die Flügelspitze wandert dabei um mehrere Meter nach oben, bevor die Struktur an ihre Grenzen kommt. Im normalen Flug liegt die sichtbare Durchbiegung deutlich darunter. Treibstoff in den Flügeln wirkt als „Biegeentlastung“ (senkt Wurzelmomente) und als Schwingungsdämpfung.

ANEKDOTE: Erster Fensterplatz neben dem Flügel, leichte CAT – die Spitze „wippt“. Der Kapitän meldet: „Das ist genau so vorgesehen.“ Wer später Videos der statischen Belastungsprobe sieht, staunt: Am Boden biegt sich der Flügel weit höher als je im Betrieb – und genau dieses Sicherheitsplus spürt man als sanftes Federn.

Fakt 70

Licht aus mit Absicht – warum beim Start/ Landung gedimmt wird

Das Dimmen der Kabinenbeleuchtung ist ein Sicherheitsritual. Bei Start und Landung sind die Phasen mit dem höchsten Risiko; falls eine Evakuierung nötig wird, sollen sich deine Augen bereits an die Außenhelligkeit angepasst haben – besonders nachts. Weniger Blendung bedeutet, dass Wegmarkierungen, EXIT-Schilder und die Bodenbeleuchtung sofort ins Auge springen. Gleichzeitig reduzieren gedimmte Lichter Spiegelungen in den Fenstern, damit Crew und Passagiere draußen schneller Hindernisse, Feuer oder Trümmer erkennen. Deshalb gehören auch „Fensterblenden oben“ und „Gänge frei“ zum gleichen Set an Maßnahmen: sehen, markieren, handeln.

ZAHLEN UND FAKTEN: Evakuierungen müssen regulatorisch in ⩽90 Sekunden mit der Hälfte der Ausgänge nachgewiesen werden – Orientierung ist dabei entscheidend. Bodennahe Leitsysteme (Photolumineszenz-Streifen oder elektrisch beleuchtete „floor proximity lighting“) sind so ausgelegt, dass sie bei geringer Umgebungshelligkeit besonders auffallen; photolumineszente Systeme werden während Boarding/Taxi „aufgeladen“. Das Dimmen minimiert außerdem den Helligkeitssprung, falls die Bordspannung ausfällt und nur Notbeleuchtung aktiv bleibt.

ANEKDOTE: Nachtanflug, Kabine bereits gedimmt – plötzlich Durchstarten wegen Wild auf der Bahn. Niemand wird geblendet, die EXIT-Schilder leuchten klar, Crew und Gäste behalten sofort die Orientierung. Für die meisten nur ein kurzer Extra-Kreis – für Safety genau der Unterschied, den man nie bemerkt, wenn alles gut geht.

KAPITEL 8

Berühmte Flugzeughersteller

Fakt 71

Zwei Giganten, ein Markt – Airbus und Boeing als Duopol bei großen Airlinern

Im Segment der großen Verkehrsflugzeuge (grob >100 Sitze) stehen zwei Namen fast allein: Airbus und Boeing. Sie decken die beiden Hauptklassen ab – Schmalrumpf (Single Aisle) für Kurz-/Mittelstrecken und Großraum (Widebody) für Langstrecken. Bei den „Singles“ konkurrieren A320neo-Familie (A319/320/321 – u. a. mit LR/XLR) und 737 MAX-Familie; bei den „Wides“ treffen A350 und A330neo auf 787 und 777/777X. Das Duopol prägt Preise, Lieferketten, Zulassungs- und Sicherheitskultur – und zwingt beide, ständig nachzuschärfen: leichtere Zellen (viel CFK), sparsamere Triebwerke (LEAP, GTF, Trent/GE9X), kabinenseitig leisere, höher befeuchtete Umgebungen. Außerhalb dieses Segments bedienen andere Hersteller Nischen (A220, Embraer-Regionaljets, ATR-Turboprops), doch im Hauptmarkt teilen die zwei die großen Backlogs.

ZAHLEN UND FAKTEN: Zwei Produktfamilien decken den Löwenanteil der globalen Bestellungen/Lieferungen >100 Sitze ab. Typische Produktionsraten liegen (je nach Programm/Konjunktur) im zweistelligen Bereich pro Monat bei Schmalrumpf, deutlich niedriger bei Widebodies. Beide Hersteller bieten Mehrmotorenauswahl (CFM/Pratt/Rolls je nach Muster) und paketieren Avionik-/Kabinenoptionen; Final Assembly Lines stehen auf mehreren Kontinenten.

ANEKDOTE: Wenn Airlines Flotten ausschreiben, wird das Duopol zur Bühne: „Fly-off"-Kampagnen, Performance-Daten im Hundertstel-Prozent, Kabinen-Mock-ups in der Firmenlivery. Nicht selten gewinnt am Ende der, der neben ein paar Prozent Treibstoffvorteil die bessere Lieferposition und das schlüssigere Servicepaket bietet – im Duopol zählt das Gesamtpaket mehr als das Prospektversprechen.

Fakt 72

Cessna = Schulflugzeug – vom Klassiker 172 bis zur Caravan

Sag „Cessna" und viele sehen sofort eine 172: vier Sitze, Hochdecker, gutmütig – weltweit das Standard-Schul- und Reiseflugzeug. Das Erfolgsrezept: robuste Metallbauweise, niedrige Betriebskosten, riesiges Servicenetz und ein Handling, das Fehler verzeiht. Daneben prägten die zweisitzigen 150/152 Generationen von Piloten, während 182 Skylane und 206 Stationair mehr Nutzlast/Leistung boten. Und mit der 208 Caravan brachte Cessna einen unkaputtbaren Utility-Turboprop für Busch, Inseln und Fracht in die Luft. Unter Textron Aviation lebt die Marke als Synonym für „GA-Allrounder" – vom Erstflug bis zur Arbeitspferd-Rolle.

ZAHLEN UND FAKTEN: Cessna 172 seit 1956 in Produktion, über 45.000 gebaut; 150/152 zusammen rund 30.000 Exemplare. Typische 172-Daten: ~160–180 PS, Reise ~110–125 kt, Anflug ~60–70 kt, MTOW ~1.160 kg. 208 Caravan: ~675 shp, ~9–14 Sitze oder Fracht, STOL-tauglich, beliebt auf kurzen/gravel Pisten. Weltweit tausende Flugschulen setzen Cessnas für Grund- und CVFR/IFR-Ausbildung ein; moderne Varianten kommen mit Glascockpit (G1000/NXi) und Autopilot.

ANEKDOTE: Viele Logbücher beginnen gleich: „First Solo – C172". Auf manchen Flugplätzen folgt das Shirt-Tail-Ritual: Ein Stück Hemd wird abgeschnitten und datiert – als Andenken an das erste Allein-Rollen, -Starten, -Landen. Für unzählige Piloten hieß der erste „wirklich eigene" Flug schlicht: in einer Cessna.

Fakt 73

Regional richtig dimensioniert – warum Embraer das Segment prägt

Embraer dominiert seit den 1990ern große Teile des Regionaljet-Markts: erst mit der ERJ-135/140/145-Familie (≈37–50 Sitze), dann mit den E-Jets (E170/175/190/195) und heute mit den E2-Nachfolgern. Der „Sweet Spot" liegt bei etwa 70–120 Sitzen: groß genug für Frequenz und Komfort, klein genug für dünnere Strecken. 2-2-Sitzreihen ohne Mittelsitz, große Bins und hohe Zuverlässigkeit (>99 % Dispatch Reliability) machten die E-Jets zum Standard bei Zubringer- und Sekundärrouten. Die E2-Generation (PW1900G-Getriebefans, neue Flügel/Avionik) senkt Lärm und Verbrauch deutlich, was Slot- und Nacht-restriktiven Airports hilft.

ZAHLEN & FAKTEN: E-Jets fliegen bei 80+ Airlines in 50+ Ländern; Kernsegment ~70–120 Sitze. E2 spart je nach Mission grob 15–25 % Treibstoff ggü. Vorgängern, erfüllt strengste Lärmgrenzen. In den USA halten „Scope Clauses" (z. B. ~76 Sitze/MTOW-Limits) den E175 (E1) im Geschäft, während größere E2 vor allem international wachsen.

ANEKDOTE: Eine Airline ersetzte schwach ausgelastete 737 auf Sekundärpaaren durch E195-E2 und erhöhte die Frequenz von 2× auf 4× täglich. Effekt: kürzere „Tür-zu-Tür"-Zeiten für Kunden, stabilere Auslastung – und am Monatsende weniger Blockstunden pro befördertem Passagier. Genau dafür sind Embraers Regionaljets gebaut.

Fakt 74

Von der CSeries zum A220 – ein Neuanfang im 100–150-Sitz-Segment

Die frühere Bombardier CSeries (CS100/CS300) heißt seit 2018 Airbus A220-100/-300. Technisch blieb der Kern gleich: ein leichter, stark aus CFK/Alu-Lithium gebauter Jet mit großem, effizienten Flügel und PW1500G-Getriebefans. Ergebnis sind niedriger Verbrauch und Lärm sowie eine ungewöhnlich komfortable 5-abreast-Kabine (2-3) ohne Mittelsitz in den Fensterreihen. Genau damit besetzt der A220 die Lücke zwischen Regionaljets und klassischen Schmalrumpfflugzeugen – ideal für dünnere Langstrecken und hochfrequente Zubringer.

ZAHLEN UND FAKTEN: Erstflug CS100 2013, Indienststellung 2016; Umbenennung zu A220 im Juli 2018. Zwei Hauptversionen: A220-100 (~100–120 Sitze) und A220-300 (~130–150+). Typische Treibstoffersparnis ggü. Vorgängergenerationen im Segment: grob 20 %; Lärmkontur deutlich kleiner, was Slots/Nachtflugregeln hilft. Produktion in Mirabel (Kanada) und Mobile (USA); Betreiber u. a. Swiss, airBaltic, Delta, Air Canada, JetBlue.

ANEKDOTE: Als Swiss den ersten Linienflug mit der CSeries durchführte, war die Crew halb Technikdemo, halb Linienbetrieb: Leiser Start, schnelle Steigrate – und hinterher die vielleicht ehrlichste Rückmeldung aus der Kabine: „Das fühlt sich nicht wie ein kleiner Jet an." Genau das war die Idee – ein „großer" Komfort im kompakten Format.

Fakt 75

ATR als Turboprop-Primus – effizient, robust, genau richtig skaliert

ATR (Airbus/Leonardo) dominiert das Segment der Regional-Turboprops mit der ATR 42-600 (≈48–50 Sitze) und ATR 72-600 (≈70–78 Sitze). Der Mix passt perfekt zu kurzen, nachfrageseitig „dünnen" Strecken: Turboprops verbrauchen auf 200–500-km-Sektoren grob 30–40 % weniger Treibstoff pro Sitz als vergleichbare Regionaljets, starten/landen auf kürzeren Bahnen und sind leiser am Boden. Die -600-Generation bringt modernes Glascockpit, RNP-/LPV-Fähigkeit und effiziente PW127-Triebwerke; die neuere PW127XT-Variante senkt Verbrauch und Wartungsaufwand nochmals spürbar. Für besonders knappe Plätze zielt die ATR 42-600S auf kurze Startbahnen im Bereich um ~800 m. Ergebnis: hohe Taktung, niedrige Kosten, gute CO_2-Bilanz – genau das, was viele Regionalnetze brauchen.

ZAHLEN UND FAKTEN: Typische Startbahnen ATR 72 ~1.200 m (umgebungs-/gewichtsabhängig), Cruise ~250–275 kt, Reichweite ~800–900 nm. Kabinenlayout 2-2 ohne Mittelsitz; Lärm- und Emissionswerte deutlich unter Jet-Äquivalenten auf Kurzstrecke. ATR hält seit Jahren den größten Anteil an weltweiten Auslieferungen im Turboprop-Regionalsegment.

ANEKDOTE: Eine Küstenairline ersetzte Regionaljets auf drei 300-km-Routen durch ATR 72-600 und erhöhte die Frequenz von 3× auf 5× täglich. Trotz nur minimal längerer Flugzeit stiegen Pünktlichkeit und Auslastung – und die Gemeinde bekam endlich einen Früh- und einen Spätflug. Effizienz schlägt Spitzengeschwindigkeit, wenn Takt zählt.

Fakt 76

STOL im Blut – De Havilland Canada, von Twin Otter bis Dash-7

De Havilland Canada baute Flugzeuge für Orte, die eigentlich keinen Flugplatz haben. Die DHC-6 Twin Otter ist der STOL-Allrounder: zwei PT6-Turboprops, 19 Sitze, wahlweise Räder, Schwimmer oder Skier. Mit großen Vorflügeln/Slats, geschlitzten Klappen und robustem Fahrwerk hebt sie auf sehr kurzen, rauen Bahnen ab und landet dort wieder – vom Gletscher bis zur Sandbank. Die größere DHC-7 (Dash-7) trieb das Konzept für den Linienverkehr weiter: vier leise Turboprops, gewaltige Hochauftriebshilfen, Querruder + Spoilerons für präzise Rollkontrolle bei Langsamflug. Ergebnis: leise, steile Anflüge und kurze Start- und Landestrecken – ideal für citynahe STOL-Airports und sensible Lärmkorridore.

ZAHLEN UND FAKTEN: Twin Otter mit 19 Sitzen, typische Reise ~150–160 kt; STOL-Leistung ermöglicht Start-/Landestrecken im Bereich <500 m (bedingungen-/gewichtsabhängig). Dash-7 mit rund 50 Sitzen, vier Turboprops, ausgelegt für steile Anflüge und kurze Bahnen; sehr niedrige Lärmemissionen für den Betrieb an stadtnahen Plätzen. Beide Muster bewähren sich auf Rädern, Skiern und (Twin Otter) auf Schwimmern – von Arktis bis Äquator.

ANEKDOTE: Zur Eröffnung eines innenstadtnahen Kurzbahnairports flog die Dash-7 Demonstrationsanflüge mit ungewohnt hoher Sinkrate – draußen staunten Anwohner über den leisen Landeanflug, drinnen saßen Passagiere auf einem Linienflug, der ohne STOL-Eigenschaften nie möglich gewesen wäre.

Fakt 77

Frankreichs Langstrecken-Spezialisten – Dassault Falcons für Reichweite & Performance

Dassault baut Business-Jets, die weit fliegen, kurz landen und high-tech fliegen. Die Falcon-Familie kombiniert Jagdflugzeug-DNA (Aerodynamik, Systemphilosophie) mit Business-Komfort: effiziente Flügel, kluge Hochauftriebshilfen und konsequentes Fly-by-Wire (ab 7X) für präzises Handling und Hüllkurvenschutz. Viele Falcons sind für Steep-Approach zugelassen, kommen von kurzen Bahnen weg und schaffen trotzdem interkontinentale Segmente – genau die Mischung, die „kleiner Platz, große Distanz“ ermöglicht. Avionik wie das EASy-Cockpit und das optionale FalconEye (kombiniert Enhanced + Synthetic Vision) drücken Minima und erhöhen Situationsbewusstsein bei Nacht/Wetter.

ZAHLEN UND FAKTEN: Historisch Tri-Jets (50/900, später 7X/8X) für Redundanz/Performance; daneben Twins (2000/6X). Typische Reichweiten (ISA, vier Pax, NBAA-Reserven): ~3.500–4.000 nm (2000er), ~4.750 nm (900LX), ~5.950 nm (7X), ~6.450 nm (8X), ~5.500 nm (6X). Geplante nächste Generation 10X zielt auf ~7.500 nm und sehr große Kabine. MMO vieler Falcons bis Mach 0,90; kurze Runway-Needs je nach Typ oft <1.500–1.600 m.

ANEKDOTE: Ein Operator ersetzte zwei Etappen (City-Airport + Transatlantik) durch einen Falcon-Tri-Jet: morgens kurzer Start vom citynahen Platz mit Steep-Approach-Freigabe, Tankstopp auf halber Strecke, abends direkt in eine küstennahe Destination mit kurzer Bahn. Ergebnis: ein Crew-Tag, zwei Meetings, null Linien-Umstieg – genau das Einsatzprofil, für das Falcons gebaut sind.

Fakt 78

L-1011 TriStar – Dreistrahler mit Autoland und „Direktauftrieb"

Lockheed Martins L-1011 TriStar war der technologisch ambitionierteste Widebody-Dreistrahler seiner Ära. Kernstück war ein dreikanaliges, fail-operationales Autopilotsystem mit Autothrottle: echte CAT-III-Autolandings inklusive automatischem Ausrollen gehörten zum Alltag. Speziell war auch das Direct Lift Control (DLC): Ausgefahrene Spoiler regelten im Anflug die Sinkrate, ohne die Nase ständig zu pitchen – sanftere Aufsetzungen, präzise Gleitpfadkontrolle. Den mittleren Triebwerkseinlass versorgte ein sauber geführter S-Duct, die RB211-Turbofans (dreifach-Spool) lieferten leise, effiziente Leistung. Zusammen ergab das ein sehr „ruhiges" Flugzeug am Instrument, bei Passagieren beliebt für Komfort und geringe Geräuschpegel.

ZAHLEN UND FAKTEN: Erstflug 1970; Indienststellung 1972. Typische Bestuhlung ~250–300 Sitze; Reise um Mach ~0,84. CAT-III-Autoland (fail-operational, dreifach redundanter Autopilot). DLC über Spoiler für feinfühlige Sinkratensteuerung. RB211-22/524 (Dreispool). L-1011-500 mit verkürztem Rumpf und größerer Reichweite (≈5.000+ nm) für Langstrecken.

ANEKDOTE: Bei einer Vorführung landete eine TriStar im dichten Nebel vollautomatisch – die Crew blieb „hands off", bis der Autopilot beim Rollout selbstständig ausklinkte. Der Testpilot meinte trocken: „Die Arbeit besteht darin, vorher alles richtig einzustellen – den Rest macht sie besser als wir."

Fakt 79

Die DC-3 – der Airliner, der nicht in Rente geht

Die Douglas DC-3 ist der Meilenstein des Linienflugs: robust, wirtschaftlich, überall einsetzbar. Mitte der 1930er verband sie erstmals Komfort, Zuverlässigkeit und echte Wirtschaftlichkeit – Airlines konnten Passagierdienste ohne Subventionen profitabel fliegen. Metall-Halbschale, tiefer Flügel, zwei Sternmotoren und ein „ehrlicher" Taildragger: Die DC-3 startete von kurzen, teils unbefestigten Pisten, trug Post und Leute bei jedem Wetter und setzte den Standard für Reichweite, Geschwindigkeit und Kabinenkomfort ihrer Zeit. Im Krieg wurde sie als C-47 „Dakota" zum Lasttier der Alliierten; nach 1945 überschwemmten abgerüstete Militärmaschinen den Zivilmarkt und bauten weltweit Netze auf – Linienverkehr, Buschfliegerei, Luftbrücken, alles mit demselben Flugzeug.

Dass sie heute noch fliegt, liegt an der Ingenieursnüchternheit: große Reifen, einfache Systeme, gut zugängliche Struktur. Modernisierungen wie die Basler BT-67 rüsten auf Turboprops, Avionik und verstärkte Zellen um – die Silhouette bleibt, die Performance wird zeitgemäß.

ZAHLEN UND FAKTEN: Erstflug 1935, Indienststellung 1936; typische Sitzplätze ~21–32; Reise ~180 mph (≈290 km/h), Reichweite grob 2.000–2.400 km. In allen Varianten (DC-3/C-47/Lizenzbauten) entstanden insgesamt rund 16.000 Exemplare; etliche fliegen bis heute als Fracht-, Spezial- oder Nostalgieträger.

ANEKDOTE: Bei einer Polarversorgung landete eine modernisierte DC-3 auf Ski-Fahrwerk in Schneesturm-Bedingungen, entlud Fracht – und startete wieder, als ob die Zeit stehen geblieben wäre. Neun Jahrzehnte nach ihrem Debüt tut die DC-3 genau das, wofür sie gebaut wurde: zuverlässig arbeiten.

Fakt 80

Herausforderer am Start – Mitsubishi, COMAC & Co. im Regional-/Single-Aisle-Markt

Neben Airbus/Boeing arbeiten mehrere Hersteller an eigenen Jets für Regional- und Kurz-/Mittelstrecke. COMAC deckt beide Enden ab: Der ARJ21 (≈78–90 Sitze) fliegt seit einigen Jahren im Inlandsliniendienst, die C919 zielt als Single-Aisle (≈160–190 Sitze) direkt auf das A320/737-Segment und wird schrittweise in chinesischen Flotten hochgefahren. Mitsubishi zielte mit dem MRJ/SpaceJet (ursprünglich ~70/90 Sitze) auf den US-Regionalmarkt, stoppte das Programm nach langen Verzögerungen jedoch endgültig – ein Mix aus Zulassungshürden, Lieferkette und „Scope Clauses" machte das Geschäftsmodell dünn. „Andere" umfassen insbesondere russische Programme: MC-21 (Kompositflügel, heimische

PD-14-Triebwerke) im Single-Aisle-Bereich sowie den modernisierten Superjet (SSJ-New) für das Regionalsegment. Gemeinsam ist allen: politische/lieferkettenbedingte Abhängigkeiten, Zertifizierungswege außerhalb EASA/FAA und der Fokus auf Inlandsnachfrage als Sprungbrett.

ZAHLEN UND FAKTEN: ARJ21 ~78–90 Sitze; C919 typ. 2-Klassen ~160–175 Sitze, Reichweite je nach Version ~4.000–5.500 km; SpaceJet-Programm eingestellt; MC-21 zielte auf ~163–211 Sitze mit Kompositflügeln. COMAC meldet hohe dreistellige Order-/LoI-Zahlen vor allem aus China; Indienststellung der C919 begann mit nationalen Airlines.

ANEKDOTE: Beim ersten Linienumlauf der C919 filmten Passagiere die Ansage „Willkommen an Bord eines in China entwickelten Jets" – Applaus im Kabinenlautsprecher. Für viele war's weniger ein Flug als ein Industriesignal: Da kommt Konkurrenz, zunächst zu Hause, später vielleicht global.

KAPITEL 9

Flugzeugpflege und -wartung

Fakt 81

Vom Line-Check bis D-Check – gestaffelte Wartung hält Flotten fit

Airliner werden nicht „ab und zu“ gewartet, sondern nach einem gestuften Plan. Ganz vorne steht die Line Maintenance: Vorflug-/Tages- und Wochen-Checks, Öl/Wasser, Reifen/Bremsen, kleine Behebungen zwischen zwei Umläufen. Darauf folgen planbare Basis-Checks. A-Checks laufen meist über Nacht: Systeme testen, Filter/Fluids, kleine Inspektionen – am Morgen fliegt der Jet weiter. Größere Pakete bündelt der C-Check: Struktur- und Korrosionskontrollen, umfangreiche System-Tests, Service Bulletins; oft kombiniert mit Kabinenarbeiten. Der „Grundsanierer“ ist der D-Check/Heavy Maintenance Visit: Rumpf und Flügel werden großflächig geöffnet, Struktur geprüft/repariert, Kabelbäume, Fahrwerk und Kabine überholt – danach wirkt die Maschine wie neu. Moderne Programme nach MSG-3 verteilen Aufgaben in „equalized checks“, viele Airlines kennen keinen separaten B-Check mehr, weil Inhalte in A-Paketen aufgehen.

ZAHLEN UND FAKTEN: A-Check typ. alle ~400–800 Flugstunden bzw. einige 100 Zyklen; Dauer Stunden bis <1 Tag. C-Check etwa alle 18–36 Monate; Dauer 1–3 Wochen. D/Heavy-Check grob alle 6–10 Jahre; Dauer 4–8+ Wochen, Aufwand zehntausende Mannstunden, Kosten im Millionenbereich. Freigabe durch lizenziertes Personal (CRS), Planung via Zuverlässigkeitsprogramm und Trend-Monitoring; viele Aufgaben sind hard-time oder condition-based.

ANEKDOTE: Nachts im A-Check fiel eine minimale Kraftstoffsickerstelle am Flügelwurzelpanel auf. Dichtung getauscht, Dichtheitsprüfung bestanden – um 05:30 war die Maschine wieder am Gate. Für Passagiere „Business as usual", für die Wartung ein kleiner Treffer, der spätere Ausfälle verhindert hat.

Fakt 82

Mehrfach abgesichert – wie Redundanz Flugzeuge ausfallsicher macht

Flugzeuge sind so konstruiert, dass kein einzelner Defekt sie lahmlegt. Das Prinzip heißt *Redundanz*: kritische Systeme wie Hydraulik, Elektrik, Avionik und Steuerung sind mehrfach vorhanden – oft in drei- oder vierfacher Ausführung und voneinander getrennt verlegt. Beispiel Hydraulik: Ein Airbus A320 hat drei komplett unabhängige Hydraulikkreise (Green, Blue, Yellow). Jeder treibt Steuerflächen, Fahrwerk oder Bremsen an – fällt einer aus, übernehmen die anderen. Ähnlich bei der Elektrik: Generatoren an Triebwerken, APU und Not-RAT (Ram Air Turbine) sichern Stromversorgung. Avionik-Computer laufen im „Voting"-System: Mehrfachrechner prüfen gegenseitig ihre Ergebnisse, Abweichler werden ignoriert.

Auch die Steuerflächen selbst haben „backups“: Querruder und Höhenruder oft zweigeteilt, Servos mehrfach angesteuert. Selbst Treibstoffpumpen und Cockpit-Instrumente sind redundant, sodass Piloten im Ernstfall immer noch die Kontrolle behalten.

ZAHLEN & FAKTEN: A320: 3 Hydrauliksysteme, RAT liefert ~5–15 kVA für Basissteuerung. Boeing 747: 4 Hydraulikkreise. ETOPS-Policen verlangen Nachweis, dass selbst mit Triebwerksausfall alle Systeme sicher laufen. Fly-by-Wire-Airbus: 5 Flight-Control-Computer, davon 3 Primär- und 2 Sekundärsysteme.

ANEKDOTE: Beim Ausfall beider Triebwerke von Air Transat Flug 236 (2001) über dem Atlantik lief noch die RAT aus – sie versorgte Basisinstrumente und Hydraulik. Dank Redundanz konnte die Crew den A330 als Segelflugzeug über 120 km nach Lajes (Azoren) bringen und sicher landen. Ohne „doppelt und dreifach“ abgesicherte Systeme wäre das undenkbar gewesen.

Fakt 83

Checklisten und Crew-Ressourcen-Management – wie Mensch und Methode Fehler abfangen

Technik allein macht ein Flugzeug nicht sicher, entscheidend ist auch die Arbeitsweise der Crew. Checklisten sind dabei das zentrale Werkzeug: Sie standardisieren Abläufe, sichern ab, dass kein wichtiger Schritt vergessen wird, und reduzieren Stress in kritischen Phasen wie Start oder Landung. Es gibt Normal Checklists, die routinemäßig abgearbeitet werden, und Non-Normal/Emergency Checklists, die im Störungsfall klar strukturierte Anweisungen liefern. Meist wird im Vier-Augen-Prinzip gearbeitet: Einer liest vor, der andere führt aus und bestätigt.

Darüber hinaus sorgt Crew Resource Management (CRM) dafür, dass die Stärken mehrerer Menschen im Cockpit optimal genutzt werden. Klare Kommunikation, Aufgabenverteilung, gegenseitige Überprüfung und flache Hierarchien helfen, Fehlentscheidungen zu vermeiden. Moderne CRM-Trainings lehren auch den Umgang mit Stress, Müdigkeit und unerwarteten Situationen. Der Fokus: menschliche Grenzen kennen, kompensieren und gemeinsam bessere Entscheidungen treffen.

ZAHLEN UND FAKTEN: Studien zeigen, dass über 70 % aller Flugunfälle menschliche Faktoren als Mitursache haben. Seit Einführung systematischer CRM-Programme in den 1980er-Jahren hat sich die Unfallrate im Linienverkehr signifikant gesenkt. Checklisten sind nach ATA/ICAO-Standards weltweit harmonisiert.

ANEKDOTE: Beim legendären „Miracle on the Hudson“ (US Airways 1549, 2009) lief im Cockpit nach Vogelschlag und doppeltem Triebwerksausfall innerhalb von Sekunden das Non-Normal-Prozedere. Die Crew nutzte Checklisten und CRM effektiv: Kapitän Sullenberger flog, der Copilot arbeitete die Engine-Out-Checkliste und kommunizierte mit ATC. Teamarbeit statt Einzelkämpfertum rettete alle 155 Menschen an Bord.

Fakt 84

Vorflugkontrollen – der prüfende Blick vor jedem Start

Bevor ein Airliner auch nur den Pushback verlässt, geht die Crew einmal rund ums Flugzeug. Diese Vorflug- oder „Walk-Around“-Kontrolle dient dazu, Schäden, Leckagen oder Unregelmäßigkeiten frühzeitig zu entdecken. Typische Punkte: Tragflächenober- und Unterseiten auf Risse, Beulen oder Eisansatz prüfen; Fahrwerk auf

Reifenabnutzung, Bremsen und Hydraulikleitungen kontrollieren; Pitot- und Staudrucksonden sowie statische Ports auf freie Öffnungen checken; Treibstoffabläufe auf Restwasser oder Schmutz kontrollieren. Auch Türen, Klappen und Notrutschen-Indikatoren werden inspiziert.

Der Rundgang ist meist Aufgabe des Copiloten oder des Kapitäns bei kleineren Mustern, bei großen Airlines übernehmen auch Ground Engineers oder Mechaniker einen Teil der Checks. Trotzdem gilt: die Crew ist verantwortlich, der Walk-Around ist kein „Kann", sondern Pflicht.

ZAHLEN UND FAKTEN: Zeitbedarf typischer Walk-Around: 5–10 Minuten. Sichtbare Schäden an Reifen und Bremsen gehören zu den häufigsten Findings. ICAO und EASA schreiben die Vorflugkontrolle explizit als Teil der „Preflight Duties" vor.

ANEKDOTE: Bei einem Vorflug in Zürich bemerkte ein Copilot an einem Airbus A321 einen kleinen Eisschollenrest im Bereich der Slats – entstanden durch Feuchtigkeit in der Nacht. Das Ground-Team wurde gerufen, Slats enteist, alles überprüft. Ohne diesen Blick hätte das Eis beim Start Strömungsabriss am Flügelvorderteil riskieren können. Für Passagiere war es nur ein leicht verzögerter Abflug, für die Sicherheit war es entscheidend.

Fakt 85

Health Monitoring – wie Daten Wartung planbar machen

Moderne Flugzeuge sind fliegende Sensorplattformen. Sie überwachen permanent den Zustand von Triebwerken, Hydraulik, Elektrik und Struktur. Dieses System wird Prognostics and Health

Monitoring (PHM) oder schlicht Health Monitoring genannt. Sensoren erfassen Vibrationen, Temperaturen, Druckverhältnisse, Strömungswerte und leiten die Daten in Echtzeit an Bordcomputer oder über Satellit an Bodenstationen weiter. Dort laufen Algorithmen, die Abweichungen vom Normalverhalten erkennen und Trends auswerten.

Das Ziel: nicht erst reparieren, wenn etwas kaputt ist, sondern bevor es kritisch wird. Aus kleinen Anomalien werden Wartungsbedarfe prognostiziert – etwa ein sich erhöhender Schwingungswert an einer Triebwerkswelle, der auf Lagerabnutzung hindeutet. So können Ersatzteile rechtzeitig geplant, Werkstattzeiten effizienter gelegt und ungeplante Ausfälle minimiert werden.

ZAHLEN UND FAKTEN: Ein moderner Langstreckenjet produziert mehrere Terabyte Daten pro Flug. Engine Health Monitoring (EHM) kann Schaufelverschleiß oder Hot-Section-Probleme Wochen vorher anzeigen. Airlines berichten von bis zu 30 % weniger „Aircraft on Ground“ (AOG)-Situationen durch Predictive Maintenance.

ANEKDOTE: Eine 777 meldete während des Reiseflugs über den Atlantik leichte Schwingungsabweichungen an einem Triebwerk. Am Boden zeigte die Analyse: ein beginnender Lagerschaden. Noch bevor die Crew es im Betrieb gespürt hätte, stand das Ersatzteil schon am Zielort bereit – der Turnaround verzögerte sich nur wenige Stunden, anstatt dass ein mehrtägiger AOG drohte.

Fakt 86

Enteisung und Anti-Ice – warum Flugzeuge nicht zufrieren

Eis ist einer der größten Feinde der Aerodynamik: Schon wenige Millimeter Anlagerung verändern die Strömung an Tragflächen oder Leitwerken und können Auftrieb und Steuerbarkeit massiv verschlechtern. Deshalb gibt es zweigleisige Schutzsysteme: am Boden und in der Luft.

Vor dem Start erfolgt Enteisung/De-Icing durch Bodendienste. Meist wird mit beheizter Flüssigkeit auf Glykolbasis gearbeitet. Zunächst entfernt „Type I"-Flüssigkeit Eis und Schnee, anschließend schützt „Type II/IV" mit zähem Film vor erneuter Anlagerung, solange das Flugzeug noch am Boden ist. Diese Prozedur ist vor allem bei Startläufen entscheidend, da hier maximale Leistung und perfekte Aerodynamik gefordert sind.

In der Luft übernimmt Anti-Ice-Technik. Viele Airliner leiten heiße Zapfluft (Bleed Air) von den Triebwerken in die Vorderkanten von Tragflächen, Leitwerken und Triebwerkseinlässen. Bei kleineren Mustern oder Turboprops kommen „Boots" zum Einsatz: gummierte Vorderkanten, die sich zyklisch aufblasen und Eis absprengen. Zusätzlich werden Pitot-Sonden, Cockpit-Scheiben und Sensoren elektrisch beheizt, um Ausfälle durch Vereisung zu verhindern.

ZAHLEN UND FAKTEN: Je nach Wetterlage kann Enteisung mehrere hundert Liter Glykol pro Flugzeug verbrauchen. Ein De-Icing-Vorgang dauert typischerweise 10–20 Minuten. Bleed-Air-Anti-Ice kostet spürbar Triebwerksleistung (1–2 % Fuel Penalty auf Langstrecke).

ANEKDOTE: Beim Start eines Regionaljets in München bemerkte die Crew kurz nach dem Abheben Vibrationen. Ursache: dünne Eisschichtreste am Höhenleitwerk, die während des Rollens erneut gefroren waren. Das Anti-Ice-System in der Luft beseitigte sie sofort – eine Lehre, warum sorgfältige Bodenkontrollen und Anti-Ice-Logik zusammengehören.

Fakt 87

Pitot-Statik-System – warum saubere Sensoren über Leben und Tod entscheiden

Geschwindigkeit und Höhe sind im Cockpit keine Schätzwerte, sondern werden über das Pitot-Statik-System ermittelt. Pitotrohre messen den Staudruck der anströmenden Luft, statische Ports den Umgebungsdruck. Aus der Differenz berechnen die Air Data Computer Fahrt, Höhe und Steigrate. Ohne diese Werte funktionieren weder Autopilot noch viele Schutzsysteme.

Das System ist empfindlich: Schon kleinste Blockaden – etwa durch Schmutz, Insekten, Wasser oder Eis – können falsche Anzeigen verursachen. Deshalb sind Pitotrohre und Ports elektrisch beheizt und werden bei Vorflügen besonders gründlich kontrolliert. Auch am Boden sind Schutzkappen Pflicht, damit keine Fremdkörper eindringen.

ZAHLEN UND FAKTEN: Kommerzielle Airliner besitzen in der Regel mehrere Pitotrohre und statische Ports pro Seite (z. B. 3 × Pitot und 6 × Statik beim A320), die gegenseitig plausibilisiert werden. Abweichungen führen zu „ADR DISAGREE“- oder „IAS DISAGREE“-Warnungen.

ANEKDOTE: Der Unfall von Air France 447 (2009) zeigte die Gefahren: Vereisung der Pitotrohre führte zu widersprüchlichen Geschwindigkeitsanzeigen. Autopilot und Autothrust schalteten ab, die Crew musste manuell fliegen – in einer Stresssituation über dem Atlantik. Seitdem haben viele Airlines ihre Pitotrohre durch modernere, weniger vereisungsanfällige Modelle ersetzt.

Fakt 88

Bremsen mit Köpfchen – wie Anti-Skid und Reibwertberichte Sicherheit geben

Beim Landen wirken enorme Kräfte: Ein Verkehrsjet bringt je nach Typ 50 bis über 200 Tonnen auf die Piste. Damit Bremsen nicht blockieren und Reifen nicht platzen, besitzen Airliner Anti-Skid-Systeme – funktional vergleichbar mit ABS im Auto, aber für höhere Energien ausgelegt. Sensoren erfassen die Raddrehzahl, Hydraulikventile regeln den Bremsdruck in Millisekunden. So bleibt die Haftreibung erhalten, Bremsweg und Reifenverschleiß werden minimiert.

Doch selbst das beste System hängt vom Reibwert zwischen Reifen und Bahn ab. Deshalb liefern Flughäfen Runway Condition Reports (RCR), früher oft als „Braking Action Reports“ übermittelt. Diese geben den gemessenen oder von Crews gemeldeten Reibwert an – von „Good“ über „Medium“ bis „Poor“. Auf dieser Basis entscheiden Piloten über Bremsstrategie, Einsatz von Schubumkehr und Autobrake-Stufen. Moderne Verfahren nutzen die internationale Runway Condition Assessment Matrix (RCAM), die standardisierte Werte mit Bahnzustand (z. B. Wasser, Schnee, Eis) verknüpft.

ZAHLEN UND FAKTEN: Ein A320-Reifen hält typischerweise rund 250–300 Landungen, wenn Anti-Skid sauber arbeitet. Bremsen müssen Hitze von mehreren tausend kW kurzfristig abführen – Kohlenstoff-Bremsen erreichen beim Rollen nach der Landung noch 500 °C.

ANEKDOTE: Im Winterbetrieb in Oslo meldete eine Crew „Medium to Poor“ Bremswirkung nach Schneefall. Die nächste Crew stellte Autobrake auf MAX und nutzte früh Schubumkehr – das Flugzeug kam sicher zum Stehen. Die präzise Weitergabe solcher Erfahrungswerte verhindert, dass andere Crews in dieselbe „Falle“ laufen.

Fakt 89

Evakuierungsrutschen – im Ernstfall Lebensretter, im Alltag Prüfkandidaten

Evakuierungsrutschen gehören zu den wichtigsten Sicherheitssystemen an Bord, werden aber fast nie benutzt – außer in Notfällen oder bei Tests. Sie sind in Türrahmen verstaut, doppelt gefaltet und mit Druckgasflaschen ausgerüstet. Im Ernstfall lösen sie sich innerhalb von Sekunden selbsttätig aus, blasen sich auf und dienen als Rutsche oder, bei über Wasser erfolgten Notlandungen, als Floß.

Weil sie Einweg-Systeme sind, müssen sie nach jedem Einsatz komplett ausgetauscht oder aufwendig überholt werden. Deshalb kostet schon eine versehentlich gezogene Rutsche am Gate schnell mehrere zehntausend Euro und sorgt für Stunden Verzögerung. Im regulären Betrieb werden sie regelmäßig inspiziert: Sichtkontrollen auf Lecks, korrekte Faltung, Druck in den Gaszylindern und

Haltbarkeit des Materials gehören dazu. Intervalle sind streng vorgeschrieben, häufig kombiniert mit Kabinen- und Türwartungen.

ZAHLEN UND FAKTEN: Rutschen entfalten sich in 3–6 Sekunden und tragen je nach Typ über 50 Personen pro Minute. Prüfintervalle liegen typischerweise bei 1–3 Jahren, zusätzlich zu Routinechecks. Kosten pro Austausch liegen im fünfstelligen Bereich.

ANEKDOTE: Bei einem Zwischenfall in Hamburg zog eine Cabin Crew Member versehentlich die Notrutsche beim Öffnen der Tür am Gate. Die Rutsche blies sich wie vorgesehen auf – spektakulär für die Passagiere, teuer für die Airline. Der Vorfall unterstrich, wie wichtig Training und Aufmerksamkeit bei den Türprozeduren sind.

Fakt 90

Treibstoff-Management – warum Pumpen und Logik den Schwerpunkt im Lot halten

Kerosin ist im Airliner nicht nur Energiequelle, sondern auch eine „bewegliche Masse“, die den Schwerpunkt beeinflusst. Deshalb gibt es ausgeklügelte Fuel-Management-Systeme. Standardmäßig sitzen die Tanks in den Tragflächen, bei Langstreckenjets zusätzlich im Rumpf oder im Höhenleitwerk. Pumpen fördern den Treibstoff in definierter Reihenfolge: Erst die Center-Tanks, dann die Wing-Tanks, damit der Flieger stabil bleibt.

Crossfeed-Ventile erlauben, beide Triebwerke aus beiden Seiten zu speisen – wichtig bei asymmetrischem Verbrauch oder beim Ausfall einer Pumpe. Besonders clever ist die Trim-Tank-Logik bei Mustern wie der A340 oder A380: Ein Tank im Heck verschiebt gezielt den Schwerpunkt nach hinten, um den Widerstand im

Reiseflug zu senken. Beim Sinkflug wird der Treibstoff automatisch wieder nach vorn gepumpt, damit Landung und Go-Around in stabiler Balance erfolgen.

ZAHLEN UND FAKTEN: Treibstoff macht bis zu 40 % des Abfluggewichts aus. Ein A380 kann über 250.000 Liter Kerosin bunkern. Schwerpunktoptimierung über den Trim Tank spart auf Langstrecke bis zu 2 % Treibstoff.

ANEKDOTE: Auf einem A340-Flug nach Südamerika bemerkte die Crew, dass das Trim-Tank-Transferprogramm nicht automatisch anlief. Manuell aktivierten sie die Pumpen – das sparte Sprit und verhinderte, dass der Jet „kopflastig" blieb. Der kleine Eingriff machte sich auf 12 Stunden Flugzeit deutlich bemerkbar.

KAPITEL 10

Die Luftfahrt-Community

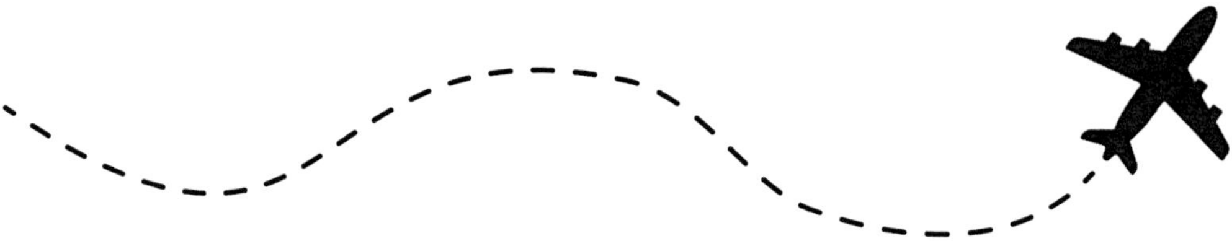

Fakt 91

Plane Spotting – wenn Flugzeuge selbst zum Sammelobjekt werden

Für viele ist Fliegen Transport, für andere Leidenschaft. Plane Spotting bezeichnet die weltweite Szene, in der Menschen Flugzeuge beobachten, fotografieren und akribisch dokumentieren. Typische Treffpunkte sind Flughafenzäune, Aussichtshügel oder Terrassen. Dabei geht es nicht nur um schöne Bilder, sondern auch ums Sammeln von „Registrierungen“: jedes Luftfahrzeug hat ein einzigartiges Kennzeichen (z. B. D-AIMA für den ersten Lufthansa-A380). Spotter führen Listen, manche versuchen, komplette Flotten oder seltene Muster zu „erwischen“.

Das Internet hat die Szene professionalisiert: Foto-Datenbanken wie JetPhotos oder Planespotters.net enthalten Millionen von Aufnahmen, oft mit Detailangaben zu Flugnummer, Uhrzeit und Airline. So entstehen riesige Archive, die nicht nur Hobby sind, sondern auch historische Bedeutung haben – zum Beispiel, wenn ein später verunglücktes Flugzeug noch Jahre vorher dokumentiert wurde.

ZAHLEN UND FAKTEN: JetPhotos verzeichnet über 6 Millionen Fotos von Spottern weltweit. Typische Teleobjektive im Einsatz: 200–600 mm Brennweite. Viele Spotter nutzen auch ADS-B-Apps wie Flightradar24, um Bewegungen vorher zu tracken.

ANEKDOTE: Als der letzte Lufthansa-Jumbo vom Typ 747-400 aus Frankfurt verabschiedet wurde, standen hunderte Spotter am Zaun – trotz Regen. Die Fotos vom Abflug gingen um die Welt, und das Kennzeichen „D-ABVY“ ist für viele Enthusiasten heute Symbol einer Ära.

Fakt 92

Flugsimulatoren – vom Schreibtisch bis ins Cockpit mit Hydraulikplattform

Flugsimulatoren sind heute unverzichtbar – für Hobbypiloten ebenso wie für Profis. Am unteren Ende der Skala stehen PC-Simulatoren wie Microsoft Flight Simulator oder X-Plane, die mit Joystick oder Yoke und realistischen Add-ons erstaunlich nahe an echte Prozeduren heranreichen. Sie dienen Enthusiasten zum Eintauchen in die Fliegerei und Piloten oft als günstiges „Procedures-Training“.

In der Ausbildung kommen zertifizierte Trainingsgeräte ins Spiel. Es beginnt mit FNPTs (Flight Navigation Procedure Trainer), dann FTDs (Flight Training Devices) mit realen Cockpit-Panels. Die Königsklasse sind Full-Flight-Simulatoren (FFS) nach EASA/FAA Level D. Sie stehen auf sechsachsigen Bewegungssystemen, reproduzieren Vibrationen, Beschleunigungen, sogar Reifen- und

Bremsgeräusche. Cockpit, Systeme und Visuals sind 1:1 wie im echten Flugzeug – inklusive Tageszeiten, Wetter und Störfällen.

ZAHLEN UND FAKTEN: Ein Level-D-Simulator kostet 10–20 Mio. Euro und wird in klimatisierten Hallen betrieben. Airlines absolvieren darin alle halbjährlichen Checks und Notverfahren, die im echten Flugzeug zu riskant wären. Flugstunden im Simulator sind bei Lizenzverlängerungen gleichwertig anerkannt.

ANEKDOTE: Ein Airbus-Kapitän berichtete nach einem Triebwerksausfall im echten Betrieb: „Es war genau wie im Sim." Das zeigt, wie realistisch Szenarien heute trainiert werden – vom Vogelschlag bis zum kompletten Blackout. Ohne Simulatoren wäre das Sicherheitsniveau der modernen Luftfahrt nicht denkbar.

Fakt 93

Pilotenlizenzen – vom Hobby bis zur Airline-Kapitänsbefugnis

Der Weg ins Cockpit führt über abgestufte Lizenzen. Den Einstieg bildet die Private Pilot License (PPL). Sie erlaubt Sichtflüge mit einmotorigen Flugzeugen, meist bis 2 t Abfluggewicht, jedoch ohne kommerzielle Beförderung. Wer beruflich fliegen möchte, braucht die Commercial Pilot License (CPL): Sie gestattet, gegen Bezahlung Passagiere oder Fracht zu befördern, oft ergänzt durch Instrumentenflug- und Mehrmotorenberechtigungen. Die höchste Stufe ist die Airline Transport Pilot License (ATPL). Sie ist Voraussetzung, um als verantwortlicher Kapitän im Linienverkehr tätig zu sein.

Parallel zur Lizenz gibt es die Medical-Tauglichkeiten: Class 1 für Berufspiloten, Class 2 für Privatflieger. Sie umfassen Augen-, Hör-,

Herz-Kreislauf- und Belastungstests und müssen regelmäßig erneuert werden. Ohne gültiges Medical ist die Lizenz nicht nutzbar – „fit to fly" gilt hier wörtlich.

ZAHLEN UND FAKTEN: Mindestalter PPL in Europa: 17 Jahre, ATPL: 21 Jahre. Typische Ausbildungskosten: PPL ~10–15.000 €, CPL/ATPL im integrierten Kurs 60–100.000 €. Ein ATPL umfasst mindestens 1500 Flugstunden. Medical Class 1 muss unter 40 alle 12 Monate, über 40 alle 6 Monate erneuert werden.

ANEKDOTE: Viele Berufspiloten erinnern sich an den ersten Solo-Flug in der PPL-Ausbildung als magischen Moment: „Zum ersten Mal allein im Flieger – pure Freiheit." Jahre später sitzt man mit ATPL im Cockpit eines A350, aber der Stolz dieses ersten Alleinfluges bleibt unvergessen.

Fakt 94

Flugfunk – weltweit Englisch und immer nach festen Regeln

Im internationalen Luftverkehr ist Englisch die gemeinsame Sprache. Ob Airbus in Paris oder Boeing in Tokyo – alle Crews und Lotsen kommunizieren nach standardisierter Phraseologie, festgelegt von der ICAO. Ziel: kurze, klare und eindeutige Sätze, damit bei Lärm, Akzenten oder Funkstörungen kein Missverständnis entsteht. Statt „Bitte steigen Sie jetzt" heißt es „Climb FL 350", anstelle von „verstanden" nur „Roger".

Die Standardphrasen decken alles ab: Freigaben, Positionsmeldungen, Wetterinfos oder Notfälle. Auch das NATO-Buchstabieralphabet (Alpha, Bravo, Charlie ...) gehört dazu, damit Registrierungen und Codenamen eindeutig bleiben. In einigen Ländern wird auf

Inlandsrouten noch die Landessprache akzeptiert, doch auf internationalen Frequenzen ist Englisch Pflicht.

ZAHLEN UND FAKTEN: ICAO Level 4 („Operational") ist Mindestanforderung für Piloten im internationalen Verkehr. Der Sprechfunk nutzt VHF (118–137 MHz) im Nahbereich, HF oder Satellitenkommunikation auf Langstrecke. Funkdisziplin gilt als wesentliche „Human Factor"-Sicherheitsbarriere.

ANEKDOTE: Ein erfahrener Lotse in London berichtete, wie ein französischer Pilot sich versprochen hatte: Statt „Standby" sagte er „Bye-bye" – und wollte eigentlich nur kurz warten. Dank standardisierter Phraseologie bleibt so etwas die Ausnahme, nicht die Regel.

Fakt 95

Kabinencrews – Sicherheitstraining jenseits von Service und Lächeln

Flugbegleiter sind nicht nur für Essen und Getränke zuständig, sondern in erster Linie für die Sicherheit der Passagiere. Dafür durchlaufen sie ein intensives Grundtraining und regelmäßige Wiederholungen. Inhalte sind Erste Hilfe – von Herz-Lungen-Wiederbelebung bis Geburt an Bord –, Brandbekämpfung mit echten Feuerlöschübungen sowie Evakuierungstraining in Simulatoren, die Kabinenbrände, Rauchentwicklung oder Notrutschen-Einsatz realistisch nachstellen. Auch Szenarien wie „ditching" (Notwasserung) mit Schwimmwesten und Rettungsflößen gehören zum Pflichtprogramm.

Die Wiederholungen finden meist jährlich statt. Jede Airline muss nachweisen, dass ihre Cabin Crews im Ernstfall innerhalb von 90

Sekunden ein vollbesetztes Flugzeug evakuieren können – bei Tag oder Nacht, mit halber Türanzahl. Trainingseinrichtungen verfügen dafür über realitätsnahe Mock-Ups mit Rutschen, Türmechanismen und Nebelmaschinen.

ZAHLEN UND FAKTEN: EU/EASA und FAA schreiben jährliche Trainingszyklen vor. Zielzeit für eine Evakuierung: 90 Sekunden. Feuerlöscher im Flugzeug: typischerweise 1 pro 50 Passagiere, plus Löschmittel für Elektronik und Lithium-Batterien.

ANEKDOTE: Bei einem Vorfall in Las Vegas 2015 fing ein British-Airways-777-Triebwerk beim Start an zu brennen. Die Kabinencrew leitete sofort die Evakuierung über die Rutschen ein – alle 157 Menschen waren in weniger als 90 Sekunden draußen. Ein Paradebeispiel dafür, dass das Training im Ernstfall den Unterschied macht.

Fakt 96

Vielfliegerprogramme – Bonusmeilen als milliardenschweres Geschäftsmodell

Ursprünglich sollten Vielfliegerprogramme (Frequent Flyer Programs, FFPs) Kunden binden: Wer oft mit einer Airline flog, sammelte Meilen und konnte sie gegen Freiflüge eintauschen. Heute sind sie ein zentrales Standbein vieler Airlines – oft wirtschaftlich wertvoller als das eigentliche Fluggeschäft. Meilen gibt es nicht nur fürs Fliegen, sondern auch über Kreditkarten, Hotels, Mietwagen und Online-Shops. Airlines verdienen daran doppelt: Sie verkaufen Meilenpakete an Partnerfirmen und sichern sich zugleich Stammkunden, die bewusst bei „ihrer" Airline buchen.

Für Vielflieger zählt vor allem der Status. Schon die erste Stufe bringt Loungezugang oder Priority Boarding, höhere Level ermöglichen Upgrades, zusätzliche Freigepäckmengen oder bevorzugte Hotline-Betreuung. Die psychologische Bindung ist enorm: Viele richten ihre Reiseentscheidungen danach, bei welcher Airline sie Meilen optimieren können – auch wenn ein anderer Flug günstiger wäre.

ZAHLEN UND FAKTEN: United Airlines' „MileagePlus" wurde auf über 20 Mrd. USD bewertet – mehr als die Airline selbst. Lufthansa Miles & More hat über 30 Mio. Mitglieder. Bei manchen Programmen stammen bis zu 50 % des Airline-Gewinns aus dem FFP-Geschäft.

ANEKDOTE: Ein bekannter US-Passagier kaufte einst gezielt ein „unbegrenztes Flugticket" samt Vielfliegerstatus. Über Jahre flog er Millionen Meilen kostenlos – bis die Airline das Programm nachträglich ändern musste. Heute gelten solche Fälle als Legenden der Vielflieger-Szene.

Fakt 97

Modellflug und Drohnen – Hobby mit klaren Spielregeln

Ob klassisches Modellflugzeug mit Verbrenner oder moderne Multicopter mit Kamera: Beide teilen denselben Luftraum wie die bemannte Luftfahrt – und genau deshalb gelten strenge Regeln. Entscheidend sind Gewicht, Flughöhe und Sichtweite. Grundsatz: Nur in direkter Sicht (VLOS = Visual Line of Sight) und meist maximal 120 m Höhe darf geflogen werden. Für Drohnen ab bestimmtem Gewicht (in Europa ab 250 g) besteht Registrierungspflicht, dazu oft ein Online-Kurs und Kenntnisnachweis.

Geofencing-Software verhindert, dass Drohnen in gesperrte Lufträume wie Flughäfen oder sensible Anlagen eindringen. Auch Nachtflüge oder Überflüge von Menschenmengen sind stark eingeschränkt oder verboten. Der klassische Modellflug auf genehmigten Vereinsplätzen hat Sonderregelungen – hier können auch größere und schwerere Modelle geflogen werden, oft unter Aufsicht erfahrener Piloten.

ZAHLEN UND FAKTEN: In der EU gilt seit 2021 ein einheitliches Drohnenrecht. Gewichtsklassen reichen von „unter 250 g" (C0) bis „über 25 kg" (C4). Mindestabstand zu unbeteiligten Personen: 50–150 m, je nach Kategorie. In Deutschland sind über 400.000 Drohnen registriert.

ANEKDOTE: 2019 musste London-Gatwick mehrere Stunden schließen, nachdem Drohnensichtungen im Nahbereich gemeldet wurden. Tausende Passagiere strandeten – ein Beispiel, wie kleine Geräte großen Einfluss haben können und warum Regulierung so streng ist.

Fakt 98

Fly-Ins und Open Days – wenn die Luftfahrt Türen öffnet

Neben Airshows gibt es Veranstaltungen, die stärker auf Begegnung und Austausch setzen: Fly-Ins und Open Days. Bei Fly-Ins treffen sich Piloten mit ihren Flugzeugen auf einem Platz, oft im Vereins- oder Regionalflugbetrieb. Besucher können die Maschinen aus nächster Nähe ansehen, mit Crews sprechen und die Vielfalt der allgemeinen Luftfahrt erleben – vom Oldtimer bis zum modernen Ultraleicht.

Open Days werden meist von Flugschulen, Vereinen oder auch Airlines organisiert. Sie geben Einblicke hinter die Kulissen: Hangarführungen, Cockpitbesichtigungen, Vorträge zu Ausbildung und Technik. Für Nachwuchsbegeisterung sind solche Events Gold wert, denn sie zeigen, dass Luftfahrt nicht nur aus großen Jets, sondern auch aus Community und Leidenschaft besteht.

ZAHLEN UND FAKTEN: Das weltweit größte Fly-In ist „EAA AirVenture Oshkosh" in Wisconsin/USA – über 10.000 Flugzeuge und rund 600.000 Besucher in einer Woche. In Deutschland sind Events wie das Tannkosh (bis 2013) oder AERO Friedrichshafen (Fachmesse mit Community-Charakter) bekannt.

ANEKDOTE: Bei einem Fly-In auf einem kleinen Grasplatz in Süddeutschland landete ein restaurierter Doppeldecker neben einem Hightech-Carbon-Ultraleicht. Kinder durften ins Cockpit klettern, Piloten tauschten Geschichten – eine Atmosphäre, die zeigt, warum die Faszination Fliegen weit über Airlines hinausgeht.

Fakt 99

Luftfahrtmuseen – wie Geschichte flugfähig bleibt

Luftfahrtmuseen sind mehr als Ausstellungsräume, sie sind Werkstätten, Archive und Treffpunkte für Enthusiasten. Viele Institutionen restaurieren historische Flugzeuge im Originalzustand, teils bis zur Flugfähigkeit. Dazu gehört akribische Detailarbeit: alte Pläne sichten, Originalteile beschaffen oder nachfertigen, Lackierungen nach historischen Vorlagen aufbringen.

Ein Großteil dieser Arbeit wird ehrenamtlich geleistet. Pensionierte Techniker, Piloten und Hobbyhandwerker investieren tausende

Stunden in Projekte, die sonst unbezahlbar wären. Manche Museen konzentrieren sich auf ikonische Typen wie die Ju 52 oder die DC-3, andere auf regionale Geschichte oder militärische Muster. Für Besucher bieten sie lebendige Geschichtsstunden, nicht nur als „statisches Exponat", sondern oft mit Vorführungen, Motorstarts oder sogar Rundflügen.

ZAHLEN UND FAKTEN: Das Technik Museum Speyer/Sinsheim zeigt über 60 Flugzeuge, darunter die Concorde und die Tupolew Tu-144 nebeneinander – weltweit einzigartig. In den USA betreibt die Commemorative Air Force über 150 flugfähige Warbirds, fast ausschließlich von Ehrenamtlichen gepflegt. Restaurierungen können Jahre dauern und Millionen kosten.

ANEKDOTE: Eine Gruppe Freiwilliger arbeitete in Großbritannien fast 20 Jahre an der Restaurierung einer Avro Vulcan. Als die Maschine schließlich wieder rollte und die Triebwerke aufheulten, standen nicht nur die Techniker mit Tränen in den Augen – es war ein Moment, in dem Geschichte hör- und spürbar lebendig wurde.

Fakt 100

Online-Tracking – wenn der Himmel durchsichtig wird

Früher war für Enthusiasten unklar, welches Flugzeug am Himmel flog – heute zeigt ein Blick aufs Smartphone sofort, woher es kommt, wohin es geht und wie hoch es gerade kreuzt. Möglich macht das ADS-B (Automatic Dependent Surveillance – Broadcast). Dabei senden Flugzeuge ihre Position, Höhe, Geschwindigkeit und Kennung per Transponder aus. Weltweit empfangen

Stationen am Boden oder Satelliten diese Daten und speisen sie in Plattformen wie Flightradar24 oder ADS-B Exchange ein.

Für die Öffentlichkeit ist das eine kleine Revolution: Jeder kann nahezu in Echtzeit verfolgen, welcher Jet gerade über den Atlantik fliegt, wo der nächste A380 auftaucht oder ob die Maschine mit der Familie an Bord pünktlich landet. Für Spotter ist es ein wertvolles Hilfsmittel, für Airlines ein Marketing-Tool – und für die Forschung eine Datenquelle.

ZAHLEN UND FAKTEN: ADS-B-Signale werden auf 1090 MHz ausgestrahlt und reichen bis zu 400 km weit. Flightradar24 verarbeitet über 250 Mrd. Positionsmeldungen pro Monat. In Europa und den USA ist ADS-B Out für Airliner seit 2020 Pflicht.

ANEKDOTE: Als 2010 der isländische Vulkan Eyjafjallajökull den Flugverkehr lahmlegte, sah man auf den Tracking-Seiten plötzlich einen fast leeren Himmel über Europa – ein Bild, das weltweit Schlagzeilen machte und zeigte, wie sichtbar der Luftverkehr inzwischen geworden ist.

Liebe Leserin, lieber Leser,

hat Ihnen dieses Buch gefallen?
Ihr Feedback, Ihre Anregungen und Ihre Kritik bedeuten uns viel, denn sie helfen uns, unsere Bücher kontinuierlich zu verbessern.

Die Meinung und Zufriedenheit unserer geschätzten Leserinnen und Leser stehen im Mittelpunkt unseres Schaffens. Ihre Gedanken sind uns wichtig.

Zögern Sie daher nicht, uns zu kontaktieren und Ihre Gedanken mit uns zu teilen. Senden Sie uns einfach eine E-Mail an:
feedback@eulogiaverlag.de

Besuchen Sie auch gern unsere Verlagsseite und entdecken Sie weitere spannende Bücher unter:
www.eulogiaverlag.de

Wir sind gespannt auf Ihre Nachricht und freuen uns darauf, von Ihnen zu hören!

Herzlichst
Ihr **Eulogia Verlag**